U0202303

跟我走，去设计

白仁飞 赵俊芬 著

海洋出版社

2016年·北京

内 容 简 介

这是一本猛一看有点"不正经"的书,细读之下,则能看出其中凝结了作者作为一线设计师以及后来为人师者的观察、思考。

作者将设计灵感的来源、设计调查、设计理念的依据、设计的大众与小众、艺术与商业的平衡以及信息反馈综合与整理这些专业必备素质、知识通过点评几位学生的作品,深入浅出地讲出来,使读者不会对"设计"有"无处入手"之感。

更重要的是,藉由学生的设计案例,介绍了十八种创意设计的方法,这是本书的精髓所在。书中随处可见的"设计小百科",极大地拓展了本书的内容,力图为读者编织出一张设计知识网。最后,作者意犹未尽,又"积习难改"地多讲了几个故事,并借机将设计叙事的功能进行了进一步的推介。

本书特点:轻松平实、内容丰富、引发兴趣

适用范围:高等院校设计专业学生、设计爱好者、设计师等。

图书在版编目(CIP)数据

跟我走,去设计/白仁飞,赵俊芬著.—北京:海洋出版社,2015.6
ISBN 978-7-5027-9192-6

Ⅰ.①跟… Ⅱ.①白… ②赵… Ⅲ.①设计学 Ⅳ.①TB21

中国版本图书馆 CIP 数据核字(2015)第 143029 号

总 策 划:张鹤凌		发 行 部:(010)62174379(传真)(010)62132549
责任编辑:张鹤凌、张墨嫘		(010)68038093(邮购)(010)62100077
责任校对:肖新民		网 址:www.oceanpress.com.cn
责任印制:赵麟苏		承 印:北京画中画印刷有限公司
排 版:申彪		版 次:2016 年 1 月第 1 版
		2016 年 1 月第 1 次印刷
出版发行:海洋出版社		开 本:787mm×1092mm 1/16
地 址:北京市海淀区大慧寺路 8 号(716 房间)		印 张:11
100081		字 数:200 千字
经 销:新华书店		印 数:4000 册
技术支持:(010)62100057		定 价:49.00 元

本书如有印、装质量问题可与发行部调换

接到白仁飞老师请我写序的邮件有点突然，因为一则我和白老师的交道不深，二则是自己也忙得无暇旁顾。犹豫之下，我只能回复说看看这本书的内容再说。在那个刚刚下完暴雨的晚上，当我不经意的打开书稿文件，以为要看的不过是又一个老套子教科书翻版——然而，我发现自己大错特错了！

"跟我走，去设计！"好轻松的感觉啊！这个书名首先就吸引了我。再往下"瞧瞧，我们正处于一个什么样的时代？……"作者以轻松幽默的口气引起了一连串的话题，每一个都是很有意思的故事，我被他生动的语言征服了！眼前好像打开了一扇又一扇窗户，那些关于设计的"高大上"的话题就像窗外的风景一样慢慢地展现在眼前……在他的笔下，那些空洞和沉闷的学术语言被化为平实幽默的表述，以讲故事和聊天的方式和初学设计的同学们谈心，把设计展现为每个同学都能够理解的身边之物，把所谓高不可攀的创意之谜逐一解答，让每个同学体会到只要学会用心思考，用眼睛发现和动手实践，自己也能够创造同样美好的事物。

白仁飞老师从如何开展设计、设计调研、设计创意方法、推广评价到作品展示等等，用故事化的语言结合课堂的方式立体地展开了一堂场景化的设计课。读这本书的感觉仿佛他就在你的身边，和你面对面沟通，快乐分享他的设计思考。

这本书的另一个特色是以小见大，通过那些貌似简单的小设计里面蕴含的设计规律，折射出并不简单的设计流程，用浅显易懂的道理揭示了设

计的复杂性，从而帮助现在和未来的设计师们从更宽阔的视野去理解设计，把设计作为一种认识世界的思考方法和实现自我理想的手段。

"跟我走，去设计"不仅仅是一本书，也是一种结伴同行的方式，我非常赞成白仁飞老师所说："作为教师，最大的幸福莫过于学生即是同路人。"在探索设计的路上，老师和学生永远都是结伴而行的探路者。

"跟我走，去设计"，那就让我们一起出发吧！

蔡　军

2015.10

PREFACE 前言

　　策划这样一本书是很长时间的想法了，开始的时候因为自身的积淀不够，不敢贸然行动。后来在教学的过程中有了一定的思路和积累，且经过了具体实践，掌握了学生在学习设计时的一些规律，这才敢将自己的计划和盘托出。恰逢海洋出版社张编辑来学校寻找设计通识类书籍的选题，于是一拍即合。

　　这不是一本传统意义上自顾自说教的专业书，而是作者放下身段，以一名设计教师的身份和学生讨论设计的过程。书中虽有专业知识的讲解，但尽量采用平实幽默的叙事语言进行阐述，进一步拉近了作者与读者之间的距离。但这也不是一本课堂教学实录，而是以学生设计为切入点，重点讲解设计创意方法的书籍。书中所涉及的每一个案例都对应着一种设计方法，其选择非常有针对性，而并非以设计的完美出色作为选择的首要标准，所以在针对每一个设计案例进行评价的时候，作者也毫不讳言其设计的缺陷和不足。总之，这是一本真实、坦诚、不加矫饰的设计书，也欢迎看到此书的读者朋友们提出批评和建议。

　　这本书的写作经历了近三年的时间，这是作者"拖延症"和"完美主义"综合作用的结果。同时要说明的是，由于书中的案例大多完成于3~5年之前，因其时效性的原因或许已经不是最新设计了，但书中设计绝无抄袭，如有概念撞车现象还请广大读者施以宽容之心。除作者和学生的设计作品外，书中所涉及其他案例均来源于网络，并尽量标注原作者和出处，相关设计机构和设计师如有疑问，请与作者联系。

正如本书最后一章所总结的，作为设计师，我们尚都在路上……我与学生们也不过是同路而行的伙伴，出发虽有早晚，所幸路途一致。早有身为教师的网友云：作为教师最大的幸福莫过于学生即是同路人！如此说来，这本书所写算是"与同路人语"！

所以，"跟我走，去设计"！希望能给广大设计工作者尤其是设计教师的教学活动有所启发。

这本书在写作的过程中得到了很多人的帮助，尤其是天津科技大学工业设计系赵俊芬老师，在学生草图绘制和整书思路的编排上提出了很多指导性的建议。赵老师教学工作经验丰富，有独特的设计教学方法，其敬业精神一直是我学习的榜样。而我亲爱的学生们则是坚定的支持者，在撰写过程中，无论是创意草图还是方案的修改，甚至一些专业内容的提炼，他们都能做到积极配合。没有他们，我就不会有勇气去构思这样一本书。在与他们相处的过程中，我逐渐确立了自己的教学风格，增长了教学经验，学会了如何做一名合格的专业教师。也因为有他们的支持，才让我有了充足的自信去将设计教学与推广工作作为我毕生的事业。

最后要郑重地感谢清华大学美术学院工业设计系的蔡军老师，作为清华艺术与科学研究中心设计管理研究所所长、教授、博士生导师，能够在百忙之中亲自执笔为这本速朽的小书写序，其提携后辈的殷殷之情使我备受感动，这愈发增强了我作为一名设计教育工作者的责任心和紧迫感。

白仁飞

2015.9

CONTENTS 目 录

01 做设计，
你准备好了吗

瞧瞧，我们正处于一个什么样的时代？工业化？高科技？信息化？非物质？好像都有一点。在这么个多元得有点凌乱的当下，总得有人去收拾、整理这些散乱的元素吧？这个人就是设计师！好吧，请允许我给设计师下这样一个定义：设计师是社会秩序的维护者和仲裁者，这个秩序包括看不见的政策制定和理论梳理，还包括看得见的视觉规范和行为引导。当然，这个概念是宽泛的和具有多重含义的，所以一些政治决策者也被冠以"设计师"的称号，这当然不在本书所讨论的内容之列。本书所关注的，是那些致力于把玩视觉元素和引领人们生活行为习惯的开拓者们，他们是建筑设计师、室内设计师、环境设计师、产品设计师、平面设计师抑或交互设计师。我是工业设计师，那么你呢？下面将是一个工业设计教师教学生如何做设计的故事，课程即将开始，请不要走开……

真的有灵感吗

"真的有灵感吗？"这是一个在给学生上课时经常被问到的问题，也是很多设计从业者经常自问的问题。答案是：我也不知道。

之所以这么说，是因为我固执地认为"灵感总是垂青那些有准备的人"，这听起来像一条相当励志的"名人名言"。如果你对此有疑问，那么请考虑一下，你所谓的灵感经常是在什么时候出现呢？洗澡的时候、吃饭的时候、乘车的时候？还是……如厕的时候（这是经常发生的）？还是……而我是坐公交车的时候。当人持续思考一个问题的时候，大脑经常处于一种思维惯性的状态，当你冥思苦想的时候，大脑高度紧张，此时往往得不到想要的结果，而适当转移注意力，大脑"轻装上阵"，就有可能"峰回路转"，赫然发现"有亭翼然临于泉上者"，那便是你的"灵感"了。所以，所谓"灵感"，不过是思维过程中早已存在的一个片段，"文章本天成，妙手偶得之"，就是这个道理。她惯于和你玩捉迷藏的游戏，你要倾尽全力去找她。在寻找灵感的初始阶段，往往是"踏破铁鞋无觅处"，而当你坐在路边喘息歇脚时，它就会悄悄从背后蒙住你的眼睛。这么说来，灵感的获得也是一个量变和质变的辩证关系，不要总是羡慕那些充满创意的头脑，只要大家勤于捕捉，善于思考，经常关注，总会有"灵光乍现"的时候，总会有对灵感"得来全不费工夫"的驾轻就熟的感觉。

这经常让我想起自己在学生时代去参加考试的情景：考场上思

维高度紧张地去思考一道算术题或者拼死回忆曾经背过的一串英文单词，但往往徒劳无功，待到考试结束走出考场的刹那，那些知识瞬间回归脑海中，于是捶胸顿足，仰天长叹然后作一番阿Q式的遐想，但也无济于事了。为什么？

其实那些答案的存在状态和我们的"灵感"是一样的，在我们高度紧张的时候深深"潜伏"起来，只不过我们从没有将它们称为灵感罢了。

"灵感"的不确定性使其显得越发神秘，她就像一条活泼的小鱼儿稍纵即逝，飘忽不定。这就要求我们都有高超的捕捉灵感的能力，就像那些技术娴熟的捕猎者一样，从不让机会从身边溜走。为了抓住灵感，我的做法是随身携带一个小型记录本，可以塞到裤兜或上衣兜里，同时别一支短小的签字笔，鼓鼓囊囊的好似暗藏玄机，每当掏出来在公交车上（这实在是一段收获颇丰的时间，我的很多设计点子都是在公交车上晃悠出来的，当然还读了很多文学书，当然还有备课）勾画的时候，总会引起周围乘客的侧目，我已经习惯了被旁观，其实这实在是一个很有体验感的事情——当你在记录一个个难得的兴趣点的时候，这种行为本身却成为了别人的兴趣点，我们的行为总处在这样的循环链条当中，首尾相接。就像《断章》中所说的：你在桥上看风景，看风景的人在楼上看你。明月装饰了你的窗子，你装饰了别人的梦。

关于灵感的讨论到此为止吧，真心提醒诸位不要过于看重灵感本身，她只是你思考的一部分，只要勤于思考，多加练习，自然会在创意之水中游刃有余，而非守株待兔所能得到的。至此，笔者将要冒昧地"篡改"一下爱迪生先生的名言——设计师，百分之一是灵感，百分之九十九是汗水，但如果没有汗水的铺垫，灵感则绝难出现。

用眼睛和手思考

设计师是用眼睛和手去实现思考的，经常听到那些设计教师们对刚入行的学生们谆谆教导说：学设计就要多看多练，才能进步云云。其实我也经常这么说，那么接下来的话题便是——看什么？练什么？

我们的眼睛总是寻找那些具有规律的、美感的、令人愉悦的事物，这些东西在我们的生活中并不鲜见。户外的大幅地产广告，以及广告后面风姿绰约的精装楼盘；被剪得整整齐齐的花圃和花圃中跳跃翻飞的彩蝶；一辆停靠在路边的动感飘逸线条俊朗的跑车；甚至两只

穿着衣服在草坪上大跳交谊舞的迷你贵宾犬……这些都能成为设计师眼中的"猎物"。当然，如果是在美丽的夏天，还有那些婀娜的花伞和蹁跹的裙裾们以饱眼福。这些都是能够为我们带来美的事物，如果你是一个"好摄之徒"，就不要吝惜你的快门，把这些美景都记录下来吧。有一些专门分享美的介质，比如Flickr（www.flickr.com），可以通过它们，用相片分享你的生活，分享你美的体验。

作为设计类学生，我们经常会从一些设计基础类课程中学到诸如点线面，形式美法则等美学常识，这些被称作"三大构成"的课程从包豪斯时代发轫，一直绵延到现在，可谓"骨灰级"的课程。存在即合理，三大构成的学习锻炼了我们对于美的基本把握能力，而目前很多人在学习的过程中，往往过多关注于技法的锻炼而忽略了对美感的推敲，或者根本不清楚三大构成与后续课程的关联，实在是背离了设立这门课程的初衷！我倒建议把这些课程都安排到公交车上，一边浏览街景（还可以吹着风），一边品味那些平构、色构、立构、点线面、对称均衡、节奏韵律和长调短调们如何在你眼前一一呈现，接受你的检阅。当然你还可以批评那些规划设计者们如何将一条条色彩斑斓充满生机的街道修整得刻板无趣，灰暗单调。笔者就经常对一些市政规划"心怀不满"，在我所在的城市，经常看到一整条被统一规划的街道，两旁的店铺门廊用了同一种底色，只允许上面出现店铺的标志和名称，而那些标志往往又做得很小，导致我经常找不到要去的地方（图1.1）。以前如果要去邮局，只需要识别它的绿色就可以了；可是现在原来的绿色底没有了，而要去仔细辨认"中国邮政"那几个字。有点设计常识的人都知道，固有色是一个企业形象的一部分，是企业的"脸面"，具有重要的识别作用。现在"脸"被遮住了，只能通过"眼睛"去猜一个人的样貌，能有几个人有那么大的本事呢？这是严重的视觉传达不到位。

图1.1

> **设计小百科**
>
> 包豪斯是20世纪20—30年代存在于德国的一所设计学校，包豪斯的成立标志着现代设计的产生，在世界设计史上具有重要的地位，它对世界范围内现代设计的发展产生了重要影响。包豪斯最重要的贡献体现于设计教育观念和设计理论研究中，并且形成了一整套的设计课程体系，一些课程设置一直沿用到今天。

> **设计小百科**
>
> 三大构成是平面构成、色彩构成、立体构成的总称，是现代艺术设计最重要的基础课程之一。构成是造型的最基础概念，是将造型元素最简化处理，然后通过它们之间的排列组合关系，寻求美感的体验。

实际上，眼睛看到的美好事物会被我们存储到大脑一个特殊的"芯片"中，成为素材库。当你在进行其他创作的时候，这些素材会起到重要的提示作用。用眼睛去记录和思考生活、思考美，会让人们能够具备较强的判别美的能力，如果你连美的东西是什么都拿捏不准，那遑论创造美呢？我常年担任三维软件课程的主讲教师，在教学中发现一个很严重的问题——很多学生在临摹效果图的时候能做得非常出色，而一旦让他们设计自己的产品，往往就力不从心，最常见的是对产品的比例把握不好导致造型上的不美观，他们甚至不知道该对模型倒一个多大的圆角合适。我相信，这种现象在其他高校的设计类学生中也并不鲜见。这就是美学经验不足的问题，眼睛无法引领手指和大脑，起不到提纲挈领的作用。

我的一个学生，在他大学二年级的时候，曾经给我发短信说他正在学校池塘边看鸭子，他说：你不知道那些鸭子一扭一扭走路的时候有多可爱！就是这个学生，在一次展览中看到一款心仪的手机设计时，兴奋得手舞足蹈起来。我想，每个设计专业的老师都需要这样的学生，设计需要这样的精神，我一直在跟其他学生推广这种精神，一种近乎痴迷的精神。还是他，在一次集体北京实习过后，竟然意犹未尽，自己骑着自行车又去了一次，给我发短信的时候正在清华美院听柳冠中先生的讲座……从他身上，我好像又看到了自己的影子。

言归正传，我不知道我说清楚没有，视觉的原始积累对我们的设计有多么重要！而当我们知道什么是美的时候，就该动手创造美了。

动手能力对一名设计师来说是至关重要的，如果搜索"工业设计师应具备的10项技能"，会发现里面至少有4项是与动手有关的：草图手绘、模型制作、软件操作……这会让我们感觉工业设计这个专业像在培养技工而非设计师。事实上，工业设计首先是一项技术，其次才是一套方法和理论。技术是我们赖以表达的手段，先学说话，再去演讲，是符合程序的。当然，如果你实在没有设计和创意的能力，那么做个高级技工也不错，设计公司里有模型师、渲染师，汽车公司里有油泥工程师，也是了不起的工作。

设计小百科

目前流传最广的所谓"工业设计师应具备的10项技能"，源于1998年澳大利亚工业设计顾问委员会就堪培拉大学工业设计系进行的调研。

1.应具备优秀的草图和徒手作画的能力。设计师应能通过手绘的方式快速记录设计灵感，并能对设计造型细节进行推敲和描画。

2.有很好的模型制作的技术。能使用不同材料，包括泡沫塑料、石膏、树脂、MDF板等进行模型的制作，并了解用SLA、SLS、LOM、硅胶等快速制作模型的技巧。

3.必须掌握至少一种矢量绘图软件（比如CORELDRAW、ILLUSTRATOR）和至少一种像素绘图软件（如PHOTOSHOP等）。

4.至少能够使用一种三维造型软件，高级一些的如PRO/E、ALIAS、CATIA等或层次较低些的如SOLIDWORKS、RHINO等。

5.二维绘图方面能使用AUTOCAD、MICROSTATION或VELLUM。

6.能够独当一面，具有优秀的表达能力及与人交往的技巧（能站在客户的角度看待问题和理解概念），具备写作设计报告的能力（在设计细节上进行探讨并记录设计方案的决策过程）。有制造业方面的工作经验则更好。

7.在形态方面具有很好的鉴赏力，对正负空间的架构有敏锐的感受能力。

8.拿出的设计图样从流畅的草图到细致的刻画到三维渲染一应俱全。至少应有细节完备、公差尺寸精细的图稿和制作精良的模型照片。仅仅几张轮廓图是不够的！

9.对产品从设计制造到走向市场的全过程应有足够的了解。如果能在工业制造技术方面懂得更多则更好。

10.在设计流程的时间安排上要十分精确。三维渲染、制模、精细图样的绘制等应规定明确的时段。

众所周知，凡是技术活儿，都需要一定积累才能达到一定水平。而且即便已经具备了优秀的表达能力也要持续不断地练习，所谓熟能生巧，量变才能达到质变。除了软件，我还教过手绘表现课程，无论手绘还是软件我都会布置尽可能多的作业，我的这些做法被学生们戏称为"魔鬼训练"。其实，关于课程的教学规律和作业要求，我都是在课程之初就交代清楚。但是实行的时候，总会或多或少地打折扣，教学效果不算理想。后来有几个学生去参加手绘训练营，几个月的时间埋头画图，果然大有长进——那时候，学生们才恍然体会到"魔鬼训练"的好处。但是，因为环境的原因，这种训练模式依然难以推行。

不过可以确信的是，要想学好设计表现，就要对自己狠一点。

所谓"用手思考"，就是要培养一种良好的手感，这样才能将眼睛中的"美"用恰当的方式表达出来。只有手—眼—脑三者达成良好的互动，才能创作出优良的设计作品。不要奢望自己出一个点子，随手勾勒几笔草图，就有人给你建模渲染做模型出产品。

最后总结一下吧。前面提到了"手—眼—脑"三者的统一，一句话，作为一名设计师，眼要能发现美，手要能实现美，脑要能指导美。设计是一个高贵的职业，又是一个艰苦的职业，设计师一定要能做到"上得厅堂下得厨房"，才能不断完善自身，无限接近设计的本质。不要做一个"眼高手低"的人，我们身边并不缺乏这样的人，当然，最要不得的是"眼低手也低"，如果你是这样的人，请离设计远一点。

没错，这也算设计

如果你认为每个设计都需要精雕细琢的细节，都具备感人心魄的力量，那你就错了。很多设计只是做了一点小改变，但正是这样的小改变带给了我们感动，让我们忍不住微笑了一下，一些微妙的情愫开始在心中荡漾，仿佛看见一个可爱的婴儿，忍不住摸了一下他的头，又轻叹一声，感慨一番这世间造物的美好——这就是设计了！

你可以在一个普通的马克杯口绘制一个鲜红逼真的唇印（图1.2），每次喝水都可以联想一下，那滋味定然不同。如果你说"真是恶心死我了"，那抱歉。但，这也是设计的一部分。

你可以把调料罐做成小猪的模样，将它的两个鼻孔开发成调料的出口（图1.3）。每次看着盐末或胡椒从那个鼻孔里徐徐淌出来——感觉怎么样？你都禁不住要打喷嚏了？那就给它起名儿叫"喷嚏猪"吧，多可爱的小可怜，难得的是它还能保持微笑。

你可以给用过的矿泉水瓶织一件"毛衣"（如果你是一位手巧的女生或者有一个手巧的女朋友的话）。自此，矿泉水瓶就变身成为花瓶，插上一支鲜花——细嫩的花瓣与粗纹理的织物对比，一定

图1.2

快看哟
那只**小猪**的微笑
就像一个幸福
开在阳光里

图1.3

图1.4

闪亮无限（图1.4）。

无聊的时候，如果有人给你唱歌就好了，你喜欢听谁的歌声呢？小鱼的？它唱的肯定是"泡泡歌"吧：吹泡泡吹泡泡……吹泡泡……我这里正有一款"小鱼音箱"的设计（图1.5），鱼的眼睛被设计成了大大的调节旋钮，简洁而有趣。

当然，怎么能忘了"小鸟音箱"，快看那架势，穿着燕尾服，胸脯高挺，自信满满，一副资深歌唱家的模样。一开腔就是美声二重唱，还能飙高音，让只会唱"泡泡歌"的小鱼儿们情何以堪！（图1.6）。

这样的例子信手拈来，每一个设计背后都有一个故事，都有自己的性格和表情。它们是这个世界的精灵，它们都会说话，有的习惯大嗓门，有的习惯喃喃自语，有的开朗、随和，有的则羞涩、内向，你只需要稍微留意，就能和它们对话。没错，这都是设计。不要在设计中盲目地追求面面俱到，平实一点，自然一点，反倒刚刚好！

说得再具体一点，就产品本身来说，其设计有很多维度，或造型、或结构、或色彩、或材料、或人机、或界面，它们就像Photoshop中的图层一样，每一层代表了产品的一个属性，多层叠加才能形成一个完整的产品，而设计师们改变任何一个"图层"，都可以对产品进行变身。设计师朋友们可以尝试一下，其实这也是一种行之有效的设计手段，当思维枯竭时，不妨把产品进行拆分，或许就会收到意想不到的效果。

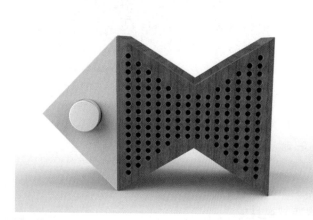
图1.5

图1.6

02 客户，
请听我对你说

从事设计很辛苦，这种辛苦不仅体现在繁重琐碎的设计工作中，因为经常需要把已经做好的设计推倒重来。至于修改方案，那更是司空见惯的事情。而除此之外，更重要的是要应对客户的百般挑剔，几乎所有的设计作品都是设计师、客户要求以及市场需求博弈的结果。在这场力量悬殊的较量中，设计师往往是处于下风的，因为作为服务行业中的一分子，服从与尽责是两个必要条件。所谓"客户虐我千百遍，我待客户如初恋"，正是设计师面向市场提供设计服务的真实写照。难道这种状况就是设计师的"宿命"了吗？不尽然，我们也会看到很多主要由设计师主导的设计。不过，若想主导设计，不仅需要设计师具备高超的设计水准，还要有很强的语言表达能力和沟通技巧，能够引领客户意见向着设计师所期待的方向发展……当然，如果你足够大牌，也可以！

需要说明的是，这里的"客户"并不是我们设计所要面对的终端客户（消费者），而是介于终端客户和设计师之间的角色，他们代表的是市场，是一个个具体公司的利益，是设计师与终端客户之间的桥梁。而终端客户往往是设计师所设计产品的直接消费者，也只有那些真正懂得设计的消费者才最有资格对设计师的设计进行评价。

然而在市场价值导向催生的商业设计中，诞生了很多让人哭笑不得的方案，它们违背了设计的原则却赢得了市场，让那些持"唯市场论"的商业设计师们趋之若鹜。于是，一切以市场为准绳的设计原则导致设计越来越浮躁，没有人愿意耗费足够的时间来研究产品，因为时间就是金钱，时间就是效益，批量化生产变成了批量化设计。有老板对设计师说：给你三天时间，给我出十个方案，选中再给钱！说完扬长而去……这是目前许多设计师的生存现状。在这种情形下，为了"多快好省"地完成老板们指定的设计"大跃进"任务，设计师们只能搞"拿来主义"，玩"拼图游戏"，于是乎，"山寨"大行其道，中国则成了重灾区。就像这款山寨的"苹果"手机（图2.1），不知道乔布斯看到这个"完整"的苹果会作何感想。而这样做的直接后果是，设计费用大幅度降低，公司之间设计价格恶性竞争，设计公司和设计师的生存状况堪忧！比如同样是一款手机的造型设计，原来的报价是几万元，现在几千元也有人承接，加之一些威客网站搞网上竞标（本人并没有黑"威客"网站的意思，只是觉得威客的某些任务定价过低，使本已低迷的设计价格市场雪上加霜），一款产品的设计价格可能会降到几百元。如果读

图2.1

者感兴趣，可以自己做做调查，综观国内的设计公司，有多少是完全靠设计盈利的？盈利多少？他们如何生存？

中国的设计师应该有自己的方向，设计师们应该引导市场而不只是一味迎合，很多民众需求源于盲从而非真意，所以这样形成的市场是假市场。因此，大众的集体审美意识和企业的品牌树立同等重要，前者更是首当其冲，设计师和美学教育者们责无旁贷。另外，一个规范、干净、健康的设计环境的形成，需要所有设计师的共同努力，只有这样，才能让外界更加尊重设计，并给设计以应有的价值。当然，设计师也要保证提供优质的设计服务，不断强化自身的能力。

说了这么多，设计价值的体现需要设计的供需双方的共同经营，当一个好的设计师碰到一个理解并尊重设计的好客户的时候，事情就成功一半了。总之，对于设计师来说：记得下次再去拜访客户的时候，要把他当成你的设计师朋友，平心静气地跟他讲设计，否则他就会成为设计师的市场总监，情绪激昂地跟你谈市场。从一开始就完全被市场和制造成本的枷锁困住对设计师来说并不是一件美妙的事情。最好的结果是相互培养，懂设计的了解市场和懂市场的尊重设计同等重要，这才是设计师与客户的和谐关系。关系调整通畅了，合作自然会很顺利。那么，当设计师面对客户的第一句话应该是："客户，请听我对你说……"

去超市看买东西的人

就在前两天，我在百度知道里看到一个很奇怪的提问，"问一下我戴着玉镯去超市买东西，为什么周围的人都看我的玉镯？急！！！"而热心的网友给出了很多具有创意的解答：应该是你的玉镯很漂亮哦，是不是；你检查一下你的玉镯是否存在破损；要不就去你买玉镯的那个柜台让售货员给你看看是否存在问题；如果你们家或者你们邻居有老人的话，让老人给你看看，老人家比较懂这行！现在看来还颇值得玩味。

正是这个提问给了我提示：对于同样一件事情，由于每个人的观察视角和个人阅历的不同导致了对事件本身的理解不同。"横看成岭侧成峰，远近高低各不同"，我们不必强迫自己去接受别人的观点，也不要像"意见领袖"一样去影响别人顺从自己的观点。在这个多元的，注重个性张扬的时代，作为一名设计师，在设计之

初，应该有足够的耐心去了解别人尤其是消费者对设计的期望和看法，并且要重视这些意见。

去超市看买东西的人，有的时候可以成为我们设计的起点。如果你正在设计一件令人恼火的产品，遇到瓶颈无法打开局面；如果你不知道这件产品针对的目标消费者是哪个层次；如果你不了解孩子却要设计一件儿童产品……那不妨放下手里的马克笔，关闭电脑，找一家最近的大型超市或卖场，去观察那些买东西的人。看他们最喜欢关注什么类型的产品，喜欢什么颜色，习惯怎样使用产品，有什么样的体验……这些都可以从消费者的眼神、表情、肢体动作中读出来。如果可能的话，你还可以跟他们进行语言上的沟通，充当一个和他们志趣相投的购买者是个不错的主意，这样做的好处是消费者之间就可以直言不讳地讨论对产品的看法，通过这种沟通你可以得到第一手的终端客户意见。或者你也可以告诉他们自己的真实身份，我想不会有人介意和一个设计师交朋友。在朋友般的沟通中，让用户参与到你的设计当中，他们也许会有一些"金点子"，可以帮助你的设计思路直达本质。

如果你确有此打算，那么下一次，不妨我们都带一个"玉镯"在手上，看看那些观者的反应，尽情体会一番被关注、被评价的乐趣。当然，不要忘记准备好记录工具，将你观察的结果和感想记录下来。

瞅准喽，别撞车

前面说到了山寨的问题，这是一个重要的话题，往轻了说是借鉴一下别人的东西，往重了说有侵犯别人知识产权的嫌疑。下面就这一话题继续深入说下去，看一下，我们应该把握一个什么样的"度"，才能让我们的设计作品不触及法律的底线。

先说撞车。

本人曾经在深夜看到一个撞车的视频，堪称恐怖。那位司机误将油门当刹车，连撞几车后才幡然醒悟，可怜的是那些汽车——为那位司机的莽撞埋了单，还好没有人员伤亡。这个话题实在不宜继续下去了，设计中的"撞车"来得可没有那么惨烈，全然是无声无息、没有硝烟的，甚至场面还很文艺，满含哲理，而且有些还是故意为之，因为可以取得利益（不信？可以去问那些在设计第一线摸爬滚打的设计师们，谁没有几次被"撞车"）。另外，"撞车"

也有很多技巧，比如"追尾"和"剐蹭"就大有不同。说到底，此"撞车"非彼"撞车"，泛指在我们的设计过程中出现的那些设计概念雷同、造型近似的设计现象。

对于设计"新手"来说，在开始设计工作之前，来一场"设计有风险，撞车须谨慎"的职业教育是一件很有必要的事情，就像以前想拿到驾照都要花大把的"银子"去驾驶培训学校学习一样。驾校的教育对新手司机们的作用不言而喻（当然那些无证上路的人除外），无论是交通规则理论考试，还是倒桩、设施以及实际的路考，都是在告诫学员们如何在既定的规则范围内去发挥自己的驾驶技术。听说现在又增加了"夜考"，考试难度进一步加大，这是好事，希望通过管理的严格带来出行的安全。

而设计新手的教育和管理似乎并不是那么容易了，我们经常看到一些创意想法和造型如出一辙的设计，有的甚至连设计的版式都与原作雷同。这是丧失设计职业道德的表现，是设计教育的失败。所以我对学生这方面的要求近乎严苛，坚决杜绝这种现象的发生，一旦发现绝对零容忍。当然，这就已经超出了一般意义上"撞车"的约束范围了，是赤裸裸的抄袭。

如果说撞车不属于主观故意，那么抄袭就是主动为之。对于撞车，我们要尽量避免。具体的做法是在设计之初就要做好大量的调研工作，这调研的信息来源可以多元化，市场、网络、书籍、杂志等都是我们需要时时关注的，尤其要时常关注那些定期更新设计前沿信息的网站，掌握第一手的设计资讯，在避免撞车的同时也做到与时俱进，思维常新；对于抄袭，是要坚决杜绝的，明知道已有了这个设计概念，还要亦步亦趋，拾人牙慧，甚至还不如前人做得好，岂不是自取其辱？明知道已有了这个设计造型，还要因循守旧，照搬照抄，甚至粗制滥造，张冠李戴，岂不是有违设计精神？说到底，抄袭者有着强烈的利益驱动，或为名，或为利，或被胁迫。君不见，有教师拿学生作品参加比赛获得某国际奖项；有企业无视知识产权直接套用别国设计而被告上法庭。但无论何种原因，设计师都要有自己的职业道德，有自己的社会责任感，为长远计，大家还是洁身自好，远离抄袭。

那么，我们该把握一个什么样的"度"呢？还是举一个例子吧。看看图2.2中保时捷汽车馆的设计。不得不说，这是一件成功的设计作品，它有着让人兴奋的动态曲线，就像那些高品质的超级跑车一样，其独特的大弧度高挑悬臂犹如展开的翅膀一样，在满足功能的同时也给人以无限的遐想空间。

图2.2

　　而正是这样一个堪称完美的设计居然也遭遇"撞车"事故了。该设计被诉与苹果公司的鼠标设计造型雷同，据传已被苹果公司诉诸法律。这个消息显然是不可信的，可能是苹果公司最近官司缠身，被网友们打趣罢了。不理会这些花边八卦，翻出苹果的鼠标看一看（图2.3），却发现这两个造型确有异曲同工之处，二者都是用极尽低调的手法描绘出一幅华美的画面。虽然，二者分属不同的产品，但在设计时也可以相互借鉴，如二者都用到了一条近似的结构线。这种对现有产品造型细节的借鉴是我们进行改良设计的重要方法，算不上"撞车"，不必大惊小怪。

图2.3

　　"小心，别撞车！"每一个设计者都应该具备强烈的知识产权保护意识，这反映到实际设计中就要求我们在设计之前要做足功课，不要"明知山有虎，偏向虎山行"。适当调整自己的设计策略，是对设计原作者的尊重。当然，"害人之心不可有，防人之心不可无"，如果有人蓄意对你的作品版权进行侵犯，要果断拿起法律的武器予以反击。事实上，在目前的中国，完全杜绝抄袭现象是不可能的，而一个"尊重设计，尊重原创"的良好知识产权环境的创建，却是每一个设计师应该身体力行去努力的。希望以后不要出现中国企业去参加国外的设计展览被拒之门外的现象，中国的设计师们伤不起。这是一个有关民族尊严的问题，也是尊重他人，善待自己，追求极致设计的必要条件。

发传单，你敢吗

看到这个标题，估计很多读者会笑出声来："发传单，有什么不敢的呢？"这里的"传单"当然不是指某些非法组织广为散发的反党、反社会的邪教言论，也不是我们经常见到的，在食堂门口那些一脸羞涩、怯生生的学生妹，手里攥着的某培训机构的宣传单。这里所说的传单，只是设计师在具体设计之前用作市场调研的一种手段和工具，正式点说，是一份市场调查报告。

假设一位设计师要设计一款女性手机，在设计之初就要有针对性地对手机用户的喜好，习惯，期待等有所了解。我们可以用设置选择题或者填空题的方式制作一份调查问卷，项目设置可以是对设计起到指导作用的任何问题，比如颜色、造型、大小、材质、界面风格等。通过这种方法，设计师们可以收集到很多反馈信息，当然这些信息还不能直接作为设计的指导文件，经过统计、归纳、整理后，就可以得到用户对产品设计趋势的一个认识框架。这个结果可以是定性的描述，也可以是定量的分析。

这样的工作是需要勇气和技巧的，也是需要策略上的设计的。选择什么样的人进行问卷？说话的时候该用怎样的语气？遇到不配合的人怎么应对？对于年轻的设计师们来说，首先要放低自己的心态，因为任何人都没有义务去协助你做这样一个工作；态度谦和，先在无形中消除被调查者的心理包袱，最好边聊天边填好问卷；如果能附送有价值的小物件就更好了，哪怕是一个经过设计的精美书签。但无论如何，这都是一件必不可少的而又意义非凡的事情。一个设计要面向市场，就要对市场的动向有精准的掌握才好，否则"闭门造车，出门不合辙"，就会造成很大的经济损失。

当然，发传单只是我们做设计之前收集信息的一种手段而已，这与我们前面所述的"去超市看买东西的人"一样，都是为了得到更好的设计而做的准备工作。之所以将这个问题单独开辟出一节来重点讲解，是为了强调市场调研在设计之初的重要作用。

设计师也要明确自己的职业角色，事实上，我们所要设计的不单是产品，还有流程、服务以及设计师与同事和客户之间的关系。而关系的设计尤为重要，因为这个关系是否和谐决定了我们是否能够顺利把设计项目有序、顺利地向前推进，是否能够让设计的结果得到所有人的认可，包括客户、老板以及你自己！

这很重要。我有一个设计师朋友，有一次通过网络给我发过来两张设计图，一张是完全按照自己意愿进行设计的原稿，另一张是经过了工程师、老板、客户轮番轰炸之后的修正稿。我的直觉：这是两个截然不同的设计！于是我发了一个"问号"过去。他沉吟半晌，发过来一段颇为"苦涩"的话：这是我设计的A面和B面，其实它们是同一个设计，只不过后来"整容"失败了……以后你见到这个设计上市，千万不要说是我做的！我哑然失笑，这是我们的设计师太常见的状态了，这个时候，我们已经沦落为作图机器了。

设计师不能总是这个状态，要改变！怎么改变？沟通！发传单是沟通的第一步。克服恐惧心理和交流障碍，将你的想法和诉求顺畅地表达出来，并能有效化解与别人交流过程中可能产生的想法和思路上的矛盾，说服对方！对于设计师来说，自己的作品就像自己的孩子一样，被别人批评总会不高兴，当然更不愿意让自己的作品被"破相"。那只有一个办法：有效沟通！

在课堂上，我经常鼓励我的学生们勇敢表达自己的设计想法，并能自圆其说，同时要求其他人对他的想法提出不同意见，此时往往唇枪舌剑起来，场面颇为壮观。我要让他们知道：设计的表达不仅包括绘制草图和效果图，还包括对方案进行表述的能力，后者往往更加重要！想想每次苹果产品发布会上，与新产品一样华丽亮相的乔布斯吧，他那富于感染力的讲解以及能Hold住全场的个人魅力，简直太帅了！

不是每个设计师都能像乔布斯一样成功，但乔布斯的经历会给我们很重要的启示：一个成功的设计师要首先是一个出色的商人。作为商人，既要善于推介自己，推介自己的设计，同时还要有高超的沟通能力，与客户、与上司、与同事，甚至与自己的心灵。

🔋 设计小百科

乔布斯全名为史蒂夫·保罗·乔布斯，他是美国著名的企业家，是美国苹果公司的联合创始人。在乔布斯的带领下，苹果公司几经兴衰，通过推出诸如iMac、iPod、iPhone、iPad等为世界瞩目的电子产品，深刻改变了人们的生活。乔布斯因此也被认为是计算机行业的代表性人物。2011年10月，56岁的乔布斯因癌症去世。

03 跟我走，
去设计

　　终于写到这一章了，坦白讲，当我写下上面的标题的时候，不禁长舒一口气，这才是本书的重点所在。我相信你也在期待着这一章的开篇，甚至前面的文字都读得模棱两可，不知所云。但笔者要说的是，对于创意设计来说，设计师的个人素养固然是关键要素，但必要的理论知识储备也是相当重要的。这就像我们要去进行一次远足，先要收拾好行囊一样，帐篷、军用水壶、指南针……一样也不能少，而对于设计来说，前面所述即是必要的知识储备。

　　如果你已经准备好……那好吧，跟我走，去设计！

　　首先，我们需要找一种放松的状态。咱们做一下准备活动，笑一笑，不要紧绷着脸，放松，嘟起嘴，像那些爱玩自拍的"小孩子"的模样，然后，翘起二郎腿——让自己舒服一点。打开音乐，跟着音乐的节奏晃两下，好的，这种"玩"的状态是最好的，最无拘无束的。但是，别误会，玩设计，不是不负责任，不是粗制滥造，更不是哗众取宠，而是指一种做设计或设计师的放松心态，赋予产品设计以幽默、以风趣、以灵动的表情、以委婉的情致。一件好的设计作品应该能在情理之中，又在意料之外，比你的想象多出一点，就能恰到好处，使人开心不已。这样的设计犹如小品里一个不经意的包袱，不可笑就"演砸了"，哄堂大笑就"出戏"了，让人会心一笑才恰到好处，因为这样的笑是发端于内心，才能回味无穷，才能不容易忘怀。

　　带着这种状态去制作一些你感兴趣的东西吧，什么都可以：会飞的小夜灯、喜欢讲故事的椅子、赖床的马克杯、多愁善感的烛台、不苟言笑的书立……大家可以想象一下，你已变身为造物主。那么，面对一穷二白的世界，该做点什么呢？

给灯插上翅膀.

给灯插上翅膀

灯具是我们居室内最具表现力的角色，她们拥有柔和的光的触角和缥缈的影子的脚步，走到哪里，哪里就盛开一片温暖的光明，她们是夜的眼睛，是重重夜幕下最美丽的风景。她们个个都是百变女王，拥有婀娜的身姿和华丽的舞步，白天和黑夜赋予了她们不同的身份，也正因为如此，灯具是每一个设计师都喜欢邂逅的情人。不信？就去查查那些著名设计师的老底，谁没有设计过几款值得骄傲的灯具作品呢？这其中的明星当属丹麦设计师保罗·汉宁森（Poul Henningsen，1894—1967）设计的以自己名字命名的PH（名字的简写）灯了。毕生以灯光设计为己任的汉宁森对于灯具设计有着自己的理论。他认为灯具应该对直射的光线起到遮罩的作用，避免强光直接到达人眼。光线在灯罩上漫溢，流动，及至灯罩边缘减淡，这样，灯具与黑暗的背景就不会形成过大的亮度反差，也从另一个角度对眼睛起到了保护的作用（图3.1）。

图3.1

PH灯对造型与装饰的克制和人性化考虑，体现了斯堪的纳维亚风格的一贯原则。这件1925年在巴黎国际博览会上获得金奖的作品现在还可以在商场的货架上找到，足以证明这实在是一个经典的设计，也必然会是一个营造生活氛围的高手（图3.2）。

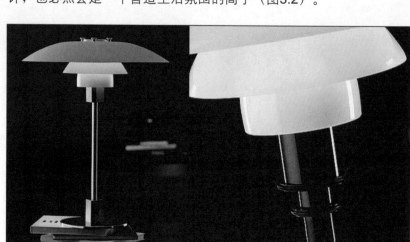

图3.2

"给灯插上翅膀"，给它们飞翔的权利吧！让它们以前所未有的靓丽姿态绽放在我们的现代家居环境中，像花儿一样！它们是一朵安静的蓓蕾伫立于白天，夜晚才是她们开放的季节，它们是夜之精灵，人人都具有屏退黑暗和撩动人心的力量。

无论何时，灯具都有很大的设计空间，因为新技术的发明和运用总能带给设计师以无限的新希望，或者偶有喜欢走复古路线的设计师，还可以从历史的陈列馆里去寻找他们的灵感。当然，灯具的功能绝不是简单的照明，她还具有直达心灵的力量，它不但装饰了我们的家，也装饰我们的心灵。但最终你得明白，设计一件东西去装饰一个家容易，去装饰一个人的心灵却未必是那么简单的事情。所以先试着和灯具成为朋友，敞开心扉，跟灯具来一次灵魂激荡的对话吧，它会告诉你，所有关于光线和影子的秘密……

● "拉"灯——乔韦媛

这完全是从一个开灯的动作开始构思的设计。当我问及这个设计的灵感来源时，这位农村来的女学生滔滔不绝地讲起小时候睡在奶奶家的土炕上，每到睡觉时都要伸手去摸那根墙边垂下来的灯绳（绳头上还有一个锥形的塑料绳坠）。随着"咔哒"一声响，黑夜被拽进了屋子，仿佛一张大幕下来，所有演出都停止了，用不了多长时间，便可以开始一段离奇的梦境……

这根具有魔力的"灯绳"让人马上想起了日本设计师深泽直人的CD播放机（图3.3）。这个有着排风扇血统的CD机之所以能够成为无印良品的保留设计，除了它能代表深泽直人简洁朴素的产品风格外，更是将人的多种感受进行了整合。试想，当你放入一张CD，拉下绳子开关的瞬间，也许潜意识中希望它像一盏灯一样点亮起来，或者像一个排风扇一样带走污浊的空气，换来阵阵清新，然而这些都没有实现，却有音乐流淌出来，这音乐带着柔和的光芒，带着清新空气特有的芬芳，扑面而来。

一下子，所有感觉都被激活了……

图3.3

> **设计小百科**
>
> 　　深泽直人是日本著名的产品设计师，拥有设计品牌"±0"，致力于家用电器和日用品的设计。他主张用最少的元素来展示设计的全部功能，并将自己的设计理念表述为"无意识设计"。通过关注和放大人们日常生活中的一些小细节对产品进行再设计，从而创造产品的新价值。
>
> 　　图3.4所示为深泽直人的几个代表作品，无不体现了设计师对产品细节的关注，感兴趣的读者可以从网络上去搜索他的设计作品。
>
> 　　这里提供±0的官方网站：http://www.plusminuszero.jp/以供参考。

　　我希望她能受到深泽先生的启发，但是不建议她再用灯绳作为控制开关了，如果执意要用，便显得太没有主见，而且很不容易从现有的产品中跳脱出来。那么，用什么呢？设计思路由此在这里打了一个结。为了打开这个结，我们做了很多假设，比如与拉的动作有关的物品都有什么？就像组词一样，我们想到了"拉抽屉""拉车""拉手"……（图3.5）这是一个很有意思的过程，最后确定的方向是"拉抽屉"，因为相较其他的名词，这个过程具备更多变化，而且和"拉抽屉"对应的"推抽屉"正好是一个逆向的过程。这样，推和拉的过程实际显示了产品的两种状态，如果能将开灯和关灯的两种动作有机融合到产品的功能实现中去，将是一个很有逻辑性的设计想法。

　　"那么，拉开抽屉对应开灯动作，推上抽屉对应关灯动作？"我们的讨论渐入佳境，这正是我想要引导的结果。"没错，就像打开冰箱门的同时，冰箱内部的照明灯会同时亮起一样，这样的设计会让我们的动作执行与功能实现之间的过程更加流畅！"

　　然后便是她的草图，各种抽屉，各种杂乱无章（图3.6）。

图3.4

图3.5

图3.6

"同学，求求你，不要再画抽屉了好不好！"

"您不是让画抽屉吗？"

"我让你画的是'推'、'拉'的动作，而不是抽屉啊！"

"……"

"不要忘了我们的设计对象是'灯具'，而不是其他产品！"

"怎么讲？"

"一件产品之所以成就自己而不是别人，源于这件产品本身独有的特点，这些特点从设计的角度上来说，可称其为产品的基因，正是这些基因决定了产品的形象。"

"就像不同家族的人相貌不同？同类的产品也是一个家族？"

"对的，我们眼下的设计目的就是提炼出那些满足灯具家族的产品造型基因……"

为了达到理想的课堂效果，也为了能让学生深入思考，我经常需要留一点悬念给他们，或者让他们走到另一个岔道中去，再把他们"轰"回来！就像此时，设计的思路进入一个思考的瓶颈，即设计师如何在设计时去伪存真，在保证设计创意完整的前提下，尽量弱化创意的来源（抽屉）对设计结果产生的影响？直接照搬设计原型而不加修改是懒人的做法，我们只要保留"抽屉"的核心要素就可以（即抽屉"推拉"的方式），而在此基础上更应该强化"灯具"的形象，否则就会不伦不类，改变了产品的本质含义。于是，笔者不得不将准备好的"设计语义学"向外兜售了。

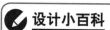

设计小百科

设计语义学用来标明和提示一件产品在具体的使用情境中的象征特性，以及指导使用者如何应用这件产品。其本质意义在于通过产品外在的视觉形象来暗示产品的内部结构和使用方法，从而使产品的功能更加明确，界面更加易于操作，产品所传达出的文化内涵更加易于理解等。

图3.7至图3.10中列举的几件产品的设计可分别从设计语义的角度予以解读。

图3.7

"E人E本"的使用方式来源于人们熟悉的笔记本，使得人们在使用之初就能获得熟悉的生活体验。

图3.8

剃须刀的造型曲线似乎取材于男人的颈部，无论如何都让人使用起来很方便。

图3.9

蜂蜜容器的包装设计无论从形态、纹理，还是色彩等角度看都让人联想到一只大腹便便的蜜蜂，包装的内容和形式之间达到了一个有效的统一。

对于这个设计来说，我们已经有了明确的设计目标，即以推拉的动作来映射开关灯的产品状态，而用户并不知道我们对产品的设定，他们只能从产品的造型符号上去推断其可能的使用方式。"抽屉"是我们的创意借以出发的思考原点，它的借鉴意义体现在对"推""拉"动作本身的提示功能上以及作为大家所熟知的物品带给我们的使用经验上，而不是"抽屉"本身。说白了，我们只需要一个把手去提示产品的这种操作方式，不过只有这一点显然不够，因为我们无法由此推断这是一个什么产品。它就像一个"黑箱子"，我们还需要为其贴一个标签或LOGO，以表明身份。这个标签可以是与"光"有关的任何东西，如太阳，火焰，灯泡等都在可考虑之列……最终我们选择了灯泡的形象制作成指示灯作为这个提

图3.10

这款"太极组合沙发"运用了中国的太极元素，形式和功能结合紧密，且沙发两个单体之间相互依存的关系与太极的精神实质契合得非常好。所以，"太极"元素作为该设计的核心语义，很好地完成了传达设计涵义的任务。不过很可惜，这并非出自中国设计师……

示标签。当产品处于使用状态时，指示灯亮起，反之则关闭。

　　经过以上的分析，这个设计已经具备了所有的必备要素，这包括"抽屉"的核心要素和作为"灯具"的基本要素，可谓是"千呼万唤始出来"，下面便是她的真容了！如图3.11所示。

图3.11

点评：

　　该设计采用了"移植"的手段，将推拉抽屉的动作运用到灯具设计中，并将动作过程与功能实现进行了有机融合。在设计的同时充分考虑"设计语义学"的运用，力图通过产品外在的造型和视觉图案设计，起到揭示产品内部构造和使用功能的作用，且操作简单，无需额外提示或产品操作培训，体现了设计中人机交互的便捷性。

　　● "水滴"——陈新尧

　　这是一个胖胖的男生，从外形来看，很有点"功夫熊猫"的感觉，一身喜感。我喜欢跟他交流，当然不只是因为他的喜感，而是他经常会迸发出一些不错的想法，这些想法就像秋收季节走在乡村的田埂或草丛中惊起的一片飞溅的蚱蜢一样。让人忍不住想去将它们悉数扑住！巧合的是，他的这个设计也确实是与青草有关的。他跟我描述的时候我刚听完郭德纲相声里的一个包袱（这种设计课上，我总会给大家放一些似乎与课程无关的东西，或相声，或音乐，甚至大学英语的朗诵带），正竭力压抑着心中的笑，我甚至能感觉那笑正从眼角、唇间向外漾，我想我的整个脸部都是扭曲的。他望着我笑，呈现出一个怪怪的表情，接着他跟我讲他的方案，也是先从一个场景开始的（图3.12）。

图3.12

　　清晨，树林，鸟鸣，阳光从林间直射进来。这阳光是有甜味儿的，还不时被一片片树叶剪碎，跌落下来，落到一颗颗露珠的眼睛里。其中一颗露珠正在拼命往下滑，它拽住一株草的长叶片在荡秋千，它并不知道这株草的名字，只是喜欢叶片颀长的身材。她将要坠落了，我们似乎听到了一声脆响，那是叶片的筋骨在叫……这个场景是我们共同拼接的，我明白了他的意图，他想做一个"仿生"的设计，他想捕捉露珠坠落的瞬间作为设计的映像，这的确是一个美好的瞬间。我顿时如他一般兴奋起来，于是跟他要来一张纸，信手在纸上勾勒起来（图3.13），其实只是一些线条：我们要表现出叶片柔韧挺翘的感觉，还要蓄满力量，仿佛是一张拉满的弓一样，露珠坠落后能够瞬间弹起并恢复原位……

　　简洁，静止，张力，雕塑感，这是我给这一设计定义的关键词，如何将自然的形态经过抽象、提炼为设计所用，是这个设计的关键问题。那么首先要搞清楚一个概念，对于产品造型设计来说，"仿生"仿的是什么？你也许会说，当然是自然物的形态！我觉得还要加上神态，除此之外还有自然物的生物机理和目标设计的功能

图3.13

之间可能存在的对应关系。这就必然要求我们对自然物的形态进行
提炼和加工，以满足具体设计的需要，想到这里我不自觉地联想起
仿生设计的一个著名代表作品——大众"甲壳虫汽车"。设计师将
甲壳虫的形态创造性地应用到汽车造型设计中去，却并不是盲目的
形式上的追随，而是在这个过程中充分考量到甲壳虫胖胖的身体形
态恰恰满足了汽车设计中对乘坐空间增容的迫切需求，而且其流畅
的外观设计也是流线型设计的典范之作，如图3.14所示。

图3.14

灯具设计当然要比汽车设计简单得多，但我们仍旧需要解决几个对应关系。首先是叶片的形态与灯具主体造型的对应，其次为露珠和灯具发光体的对应，最后是植物的根植与灯座之间的对应。当然，还有一个重要的细节不容忽视，那就是叶片的筋脉造型，如何将这个细节与灯具设计进行有机结合是需要仔细考虑的事情（图3.15）。

图3.15

经过权衡，我们计划用标准几何形体来达到设计的目的，如一段标准的弧线，如一个标准的滴露形状以及一个不事张扬的标准方形底座。选用标准型的目的是为了在最大程度上规避自然物的有机形态对目标设计的影响，让造型更加简约，更有利于体现我们之前预设的"简洁，静止，张力，雕塑感"的目标。标准的数理模型能够最大限度上体现设计的本质，它表现的是事物的骨骼和筋脉，可以使视野更加清晰，仿佛庖丁手中的那把锋利的尖刀，刀锋所向，将一切累赘与繁琐尽皆除去，只留下无可挑剔的自然风骨。当然，最终灯具的导线出现在了叶片筋脉的位置，我觉得这样的安排恰到好处。

接下来的草图设计是对方案的继续深化（图3.16），我一直认为将水滴落入水面荡起的涟漪作为方形底座的一个设计元素会是一个不错的选择，这也能从语义上呼应作为灯具发光体的"水滴"造型。但这个"涟漪"的元素最终没有应用到设计中去，我们的意见产生了分歧。我尊重学生的意见，事实上也许他是对的，这样会让这个设计看起来更简洁一些。

其实最终的效果图差强人意（图3.17），也许我们没有处理好各设计要素之间的关系，包括它们的穿插关系和比例关系。我有点不相信自己的眼睛，因为凭经验来说，效果图和实际产品总会存在视觉上的差异，那么对于这个产品来说，我不知道这个差异会有多

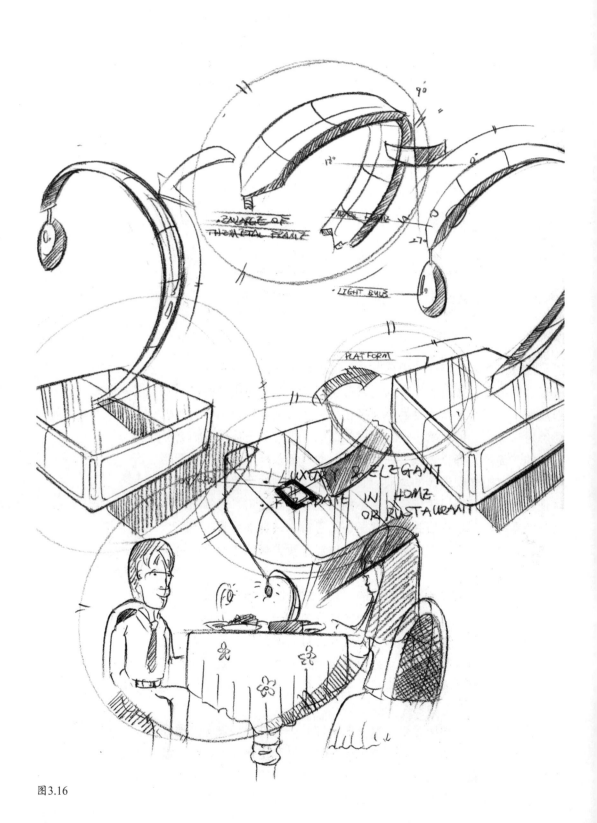

图3.16

大。也可能是因为我们设计之初的构想过于理想化，这个设计还不足以承载那么多美妙的意境……我确实经常在课堂上表现得很无奈，我无法继续给予我的学生更多的帮助，方案进行不下去或者没办法对他们的造型设计提出更好的修改意见。这个时候我总会摇摇头，在桌椅间拼凑出的逼仄的过道里走上几遍，我们的思维也需要经常散散步，不是吗？

点评：

"仿生设计"是多数设计师喜爱的设计手段之一，大自然中能够启发设计师灵感的优美造型数不胜数。我们要善于把设计想法融入到一个具体的设计场景中去，这样设计师在进行创想的时候才能够精神抖擞，无往而不利，就像原野之于骏马，长空之于雄鹰。设计师要拥有色彩斑斓的精神家园，要有超凡的想象力和细腻的生活观感；更重要的，仿生不是模仿和照搬，而是要将形意之下的精神本质发掘出来，用最恰当的型面加以表现。

🔘 设计小百科

从产品设计的角度来说，"仿生设计"是以自然界中的万事万物为研究对象，从形态、结构、功能、色彩甚至意向等方面对自然物进行物理上和精神上的模仿与创新。图3.18至图3.22从多个角度展示了仿生设计方法的具体应用，你能看得懂吗？

图3.17

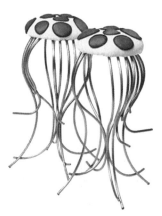

图3.18 仿生形态设计

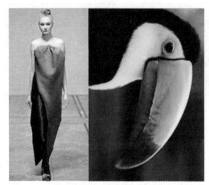
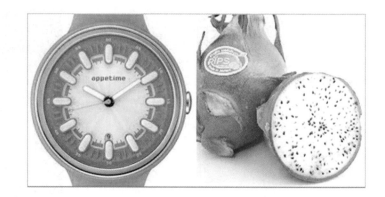

图3.19　仿生色彩设计

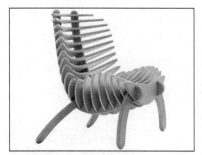

图3.20　仿生结构设计

图3.21　仿生功能设计

图3.22　仿生意向设计

坐，听我神聊。

坐下，听我讲故事

　　"坐下！"于是你坐下，正襟危坐或不正襟危坐，在这个世界上，有谁能够有如此强大的号召力？不管你是出身寒微，还是官居高位，都得坐下，听一把椅子喋喋不休地讲故事，而我们的设计就是从这些或老旧或新潮的故事中开始的……

　　作为一名设计师，要善于"小题大做"。那些优秀的建筑和环境艺术设计固然让我们肃然起敬，但一把椅子，一个马桶刷，一个胡椒罐照样具备感人心魄的力量。它们就像一颗颗饱满健硕的种子一样，一旦发现适合扎根的土壤，就会蓬蓬勃勃地生长起来。当它们含着感激将自己的成长经历作为礼物赠与你的时候，你怎么能够拒绝呢？

　　好吧，我们今天的主角是"椅子"！请不要叫它们"椅子"，这是一个多么愚蠢的名字，或者拥有一个确定的名字是一件多么愚蠢的事情！让我想想，就叫"坐具"吧，这样它就可以是椅子、凳子、床榻，甚至是台阶和半截树桩，它无处不在，只要能够满足人们"坐"的基本需求，都可以。

　　"为坐而设计"，设计的不只是一件产品，更是一种行为方式，是一种自我生存状态。宜家（IKEA）在我们生活的城市设立分店后，我曾与几个老师带着学生们去此地参观实习。这个布置得像家一样的地方，让这些未来的设计师们流连忘返，很多人在里面找到了自己的"缪斯"，同时也找到了自己。那些假装深沉的"坐具"们肯定又在窃窃私语，看吧，听故事的人又来了！

　　那么，请开始你的故事，我洗耳恭听……

　　● "蛋椅"——杨英杰

　　"爱迪生小时候就热爱科学，凡事都爱寻根追底，都要动手试一试。有一次，他看到母鸡在孵蛋（图3.23）……"

图3.23

　　"他看到母鸡在孵蛋"，听到这一句，班里的同学哄堂大笑起来，这是设计师杨英杰同学在讲他的设计，这也是我的设计课上的一个重要环节，让每一个学生去将他的设计进行推广介绍。我承认我也笑起来，而且许多天以后，当我回想起当时的情景，还是忍俊不禁，那种热烈愉快的氛围是我一直想要追求的课堂效果。而我们的设计师却很严肃，他严肃的表情显示他的"卓尔不群"，那种

"众人皆醉我独醒"的态度反而更成为了一个大大的笑点。我无法控制这浪潮一般的笑声，只好宣布暂停课程，找一个角落坐下，跟着大家一起沸腾……

等大家安静下来之后，杨英杰接着说："爱迪生为人类实现了很多科技的梦想，我的这把椅子（是**坐具**）却实现了爱迪生孵蛋的梦想！"他振振有词。我承认被"感动"了。好伟大的梦想！我想，每个人小时候都有过类似的天真想法，包括孵鸡蛋。或者有人肯定试着怎么像母鸡一样下蛋，或者站到凳子上用嘴咬自己的鼻子，而我是对"镜中人"怀有莫大的兴趣，总在照镜子的时候用手去抓镜子背面，希望能摸到那个跟自己一模一样的人，可是每次都以失败而告终……这些梦想多少年后，或被时间流沙一般模糊了痕迹，或成为了权威的大人们偶然提起的笑料，我想更大的意义是像文物一般被保留下来，幻变成一个个通向童年的入口。我想，发明灯泡的爱迪生并不比孵鸡蛋的爱迪生伟大多少，也许正是有了童年的异想天开，才有了日后的创新与持续发明的动力，以及几千次的失败后苦尽甘来的突破性辉煌。

这个设计概念预先为我们搭建了一个场景，一个温馨的、安全的、能够让人心无旁骛的场景。所以，设计的造型要素便不能与这个概念场景产生冲突，尤其不能与业已营造好的产品使用氛围产生冲突。我将之称为产品的"场"，产品是有气质的，其气质很大程度上得益于产品"场"的创建，一个优质的"场"的创建，能够最大限度地激发使用者的体验感。而我们这个设计，其重点就在于这个"孵蛋"的体验，是不是又想发笑呢？请严肃一点，我们在做设计呢！

为了实现我们的目的，产品的造型应能体现空间感和包覆感，甚至还有一定的私密感。这就要求设计应比一般意义上的坐具端面有更大的进深空间，而且应该是环绕包围的，让人能有"陷进去"的感觉。总之，应满足一切设计上对于个人空间的心理诉求和情感诉求。

最终，我们选择了圆环形作为主体造型，坐面内部下陷，形成一个"漏斗"；同时，为了提升产品的品质感，椅腿采用线性设计，用高亮金属材质与坐面产生强烈对比，给产品以轻盈的感觉，以便与现代家居环境相协调（图3.24）。

发明家的心里总是会藏着一颗童心，设计师更应该保有童心，

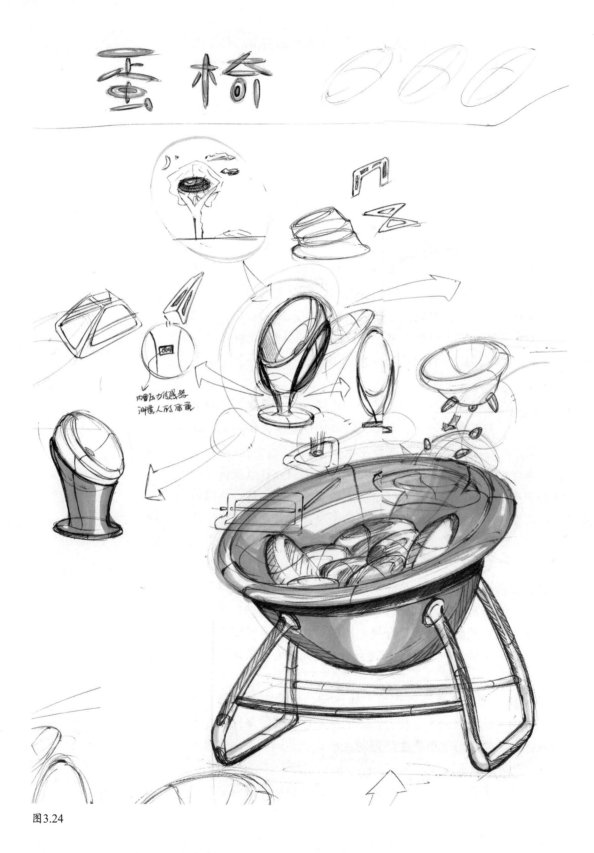

图3.24

我们每一个人都有另外一个自己——有趣、傻呵呵、没心没肺。在这个被现实打磨得越来越华丽而虚幻的世界里，那些欢蹦乱跳的回忆是多么让人怀念，那些纯情天真的行为是多么弥足珍贵！每个人都有理由去实现自己"孵鸡蛋"的梦想。去吧，去坐坐这把椅子吧——原谅我，我又说椅子了，记得要像一只有经验的老母鸡一样，充满慈爱、耐心，而又絮絮叨叨。

最后要说的是那些"鸡蛋"，绝不会如想象般地被孵出鸡仔来，那是一些填充了柔软材料的坐垫。是的，它们只是"鸡蛋坐垫"，所以请放心地坐下去吧……

请相信，我们无意取笑这位怀有梦想的设计师，有梦想的人是伟大的，有梦想的设计也是伟大的。这是一名让我印象深刻的学生，不仅是因为他在课堂上虔诚的"设计宣言"，还因为他一贯的对于设计的执着态度。他曾在半夜发给我一条很长的信息，阐述他突然想到的一个设计概念，我且惊且喜，丝毫不介意他的唐突。

这是值得回味的一节课，那一天我们都回忆了童年，想起了一些温馨的片段，有些已经褪色，但有的依然鲜活；更重要的是，我们意识到可以用设计来表达自己的心迹，用设计缅怀我们已经失去的，寄托我们希望得到的，延续我们曾经拥有的那些美好，这让我们坚定了设计的信念。大家笑过之后，很多人开始在纸上勾勒属于自己的梦想了，另有一些人凝神静思。我知道，大家都已经在设计之路上启程了……这是我想看到的结果。我知道，在这个漫长的旅途中，哪怕有些人只会走一小段路，有些人在前面的路口向左转了，有些人注定会掉队，但总有几个一直埋头赶路的，不介意爬上裤管的露水，不介意藏进鞋窝的沙砾……因为前面，是太阳升起的地方。

我一直想，上课本身犹如读一本丰富多彩的书籍。读不同的书可以体验不同的人生经历，因为作者不同，没有两个人是完全一样的，据此我们可以收获不同的人生；而上课面对不同的学生，我可以读取他们不同的思维，就像这样的设计课上，通过不断的思维碰撞和激变，我便具有了多个人的设计思维力量。这些都是体验，而我们所处的时代是一个讲求体验的时代，体验意味着沉浸，意味着交流和不断深化，意味着体味和醒悟。总之，这是一个细腻缜密的过程，是一个不断向内心掘进探索的过程……

设计的结果就是这样了，如图3.25所示。直觉告诉我，这个设

计还有很多需要改进和扩展的地方。当完成一件作品的时候，总会怅然若失，设计时的激情和快感并没有延续到最后。越深入思考，就会离设计的本质越来越近，之前创意阶段很多疯狂的想法会被无情地抛弃。就像一棵小树在成长的过程中不断被修剪掉的枝柯一样，只有这样，才能心无旁骛地长成栋梁之才。概念的"被修剪"是每一个设计师都要经历的"惨痛"阶段，这个时候不要抱残守缺或面面俱到，才能保证纯粹的好概念出类拔萃，设计出好作品。

图3.25

点评：

这是一个很有"趣味"的"体验设计"，有趣但绝不流于平庸，想法完全来源于生活当中的某个片段，通过将这个片段以设计的方式情境化，便具有了"诱导人"的力量。也许，人们会听到这股力量打着呼哨，对你说：来吧，会有特殊的体验哟！

如果你对这个设计的理解不够深入，我愿意再花篇幅介绍一个类似的设计，请看图3.26。

这款坐具设计源于我们日常生活中人与人之间的常见状态，即情侣之间的相处细节打动了设计师，于是有了这个设计。男同胞们从此可以解放双腿，又不影响二人之间的亲密程度，真是贴心的设计！而设计的功能还不仅限于此，如果你是一个人的话，坐具高出的部分还可以作为台面使用，笔记本、纸笔等工具都可摆在上面，一个临时的工作台"横空出世"，会给我们的工作帮不少忙呢！总之，这不单是一个坐具的造型设计，而是一个情境设计，一种行为设计，其意义远远超出造型设计的范畴。用户在使用产品的时候也不只是关注其使用功能，更多的是一种使用体验以及由此带来的精神上的愉悦感。

图3.26

请记住：**好设计，要体验**。

● "拥抱一下"——张茂之

他是一个打着耳钉的男生，头发收拾得很干净，总是穿着一身很合适的黑色西服夹克，我一开始以为他会有点"坏"，其实不然，他有着大而清澈的眼睛，笑起来很羞涩，给人的感觉好像一片明媚的天空。他来自宁夏，后来我还有一个学生也是来自宁夏，跟他具备一样的气质，这让我怀疑宁夏来的男生都是这个样子的，而更巧合的是，他们对设计都很有天赋。

时间过去这么久，我已经忘记了他跟我讲设计时的诸多细节，但他羞涩的表情还是让我印象深刻，仿佛他的一个标签一样。记得当时我顺手拉过一把椅子就势倒着坐下，他却眼前一亮："您看，就是这个样子的，跟我想的一样！"他说的"一样"是指我坐椅子的方式，想来很多人都有这样的行为和经验。椅子倒坐并不是什么值得奇怪的事，但把这个行为与设计相联系却激发起了我的兴趣。他说："就是这个样子的，可以倒着坐的椅子，或者说只能倒着坐的椅子，我们都习惯这样（图3.27）……"

当时，我将整个下巴和双手的力量都压到那个椅子的靠背上，

图3.27

身子几乎要前倾过去，我变换了不同的骑坐的方式，力图找到一个最舒适的姿势……我这样做的目的是想把这种坐椅子的行为演绎到极致，从而找到这种方式存在的合理性，当然还有它的缺点。这些都是在做设计过程中需要面对和解决的问题。

我将这把椅子拎到前面，对大家宣称说，张茂之将我做了广告了，我要收广告费的（台下笑），这把椅子也堪称楷模，它改变了我们坐的方式，我提议所有人都将椅子倒着坐，体会一下这种方式带给我们的变化（一片桌椅的撞击声）……

很快有人便提出了异议：

这种坐法不舒服，坐面太宽，椅背太窄；

没有放手和头的地方；

这是一个拥抱的姿势，造型应该更有亲和力；

……

设计的目的性越来越明确，有很多细节问题需要解决，张茂之迅速做着笔记。他说这个"坐具"的名字我都想好了，就叫"拥抱一下"。

好名字！

拥抱一下，椅子的角色也悄然发生了变化，有了灵性，就像一直在等着你回家的爱人，等着你的一个热烈的拥抱，等着拥抱后跟你倾诉离别的思念……如此，这个"坐"的行为一下子美妙、温暖、令人向往起来。

那么，面对这样一个全新的"坐"的方式，我们怎么设计这个产品以保证使用者的舒适性呢？这就要用到"人机工程学"了。

人机工程学是工业设计专业学生的必修课，设计师必须关注使用者对产品的使用体验，不仅舒适，易于操作，而且没有潜在的使用危险，尤其对新产品来说更应如此。对于这个设计来说，座面高度的设定需要参考人体小腿和足部的尺寸，扶手高度的设定需要参考人体平坐时肩部的高度，而扶手的宽度也要考虑人体肩部的宽度以及小臂平放时两肘间的距离……

或许，这种坐的方式本身就是有悖人的正常行为习惯的，对这个设计进行人机工程学的考虑似乎步入歧途，有"诱导犯错"的嫌疑。为了消除"拥抱一下"给人造成的误解，经过讨论，我们决定妥协，设计方案经过修整，既能满足"拥抱"的诉求，又能让人正常行使"坐"的权利，所以该"坐具"肩部的设计成为关键。即保

设计小百科

人机工程学是应用测量学、力学、生理学、心理学等相关学科的知识研究方法，对人体结构和人体机能进行研究。研究内容包括人体尺寸，人体各部分活动范围以及动作习惯等身体结构特征方面，视觉、听觉、触觉等感觉器官特性方面，人在工作过程中的心理状态方面，以及人对各种劳动负荷的适应能力方面。

证既能"正坐"又能"反坐"，且两种坐姿都要有一定的舒适度，人机工程学的应用还要继续，且任务更重了。

设计就是这样，当你沿着预先设定的方向往前走的时候，总会遇到一些不经意的麻烦和困扰，继续向前还是拐到另一个方向？此时，过于坚持可能会被撞得头破血流，偏听偏信又会让人误入歧途，有违初衷。如何处理好这些矛盾是设计能否顺利进行的关键。不忘初心固然重要，整合不同意见的能力也不容忽视。关键在于一开始我们对设计本身的理解，对于一个概念来说，是"非你不可"还是"有你即可"？这是两种截然不同的态度。这让我想到无印良品的设计理念，他们并非追求"这个好"，而是"这样就好"。"这样就好"看似随和得没有个性，但这种理性的克制正是对设计界做作浮夸，无节制华丽风气的有力回击……

话题似乎跑偏了，回到我们这个设计中来。人机工程学仿佛一根强有力的缰绳，将狂奔不已的设计思维拉回到一个惯常的思维轨迹中来。这时，我们会稍稍失望，紧张并且拘谨，原地打转，不知道下一步该怎么做，甚至有点怀疑自己……不要怕，也不要放弃，用更加审慎的方式去处理那个概念未必是什么坏事！修改你的方案，但保留最原始的概念，也不要触犯科学的规范（如人机工程学等），如此，"这样就好"……

✅ 设计小百科

还记得前面介绍过的日本设计师深泽直人吗？他就是日本著名设计品牌"无印良品"（MUJI）最有代表性的设计师之一。"无印良品"在日文中是"无品牌标志的好产品"的意思，其设计范围主要以日常用品为主，设计时注重产品的纯朴自然的属性，用简洁的设计语言表达环保和以人为本的理念（若想了解更多可以登录无印良品的官方网站：http://www.muji.net/）。

草图的设计正是体现了"两用"的概念，并对"椅背"的造型细节进行了推敲，如图3.28所示。最终的效果基本实现了我们设计的初衷（图3.29），只是不知道这样一个设计如果开发成实际产品会不会如预想的一样给人们的行为带来一定的改变？

图3.28

点评：

从人们的日常行为中寻找创意灵感是一个很重要的方法，使用者的很多下意识的行为都可以成为设计师展开设计的素材。如果说设计改变了人们的生活方式，不如说设计发现了人们的生活方式。"拥抱一下"，便将一个"坐"的行为升华了，此刻，她成为了你的朋友和爱人，因为她总是在静静等待着与你的再次相逢。

图3.29

话说，其实这样的设计还是挺多的。就像图3.30所示签字笔设计，为什么笔头部位要设计得这么复杂？仔细一看，原来都是可"吃"的东西啊！为什么要这么做？设计师估计也有这样的习惯——咬笔头。反正我是经常这么做的，被咬过的有铅笔、圆珠笔，还有钢笔。钢笔自然是咬不动的，铅笔和塑料圆珠笔往往被摧残得惨不忍睹，尤其铅笔，竟连石墨做的笔芯也会遭殃，想想真是不卫生。不过现在好了，有了这样一个贴心的设计，我们可以放心大胆地去咬了，且都是美味的"食物"，像骨头啦，鱼刺啦……呃，设计师您这是要把我们都变成小猫小狗吗？

由人们的下意识动作催生的创意设计，在我们的生活中并不鲜见，因为是大家都熟悉的事情，所以往往能睹物思情，心有灵犀，这在客观上起到了语义传达的作用，让使用者能够快速捕捉到产品的使用信息。所以，这样的设计思路多少有点讨巧的嫌疑，但每一个设计都饱含着设计师细腻的心思和丰沛的情感！

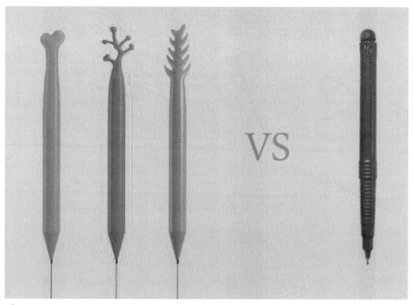

图3.30

革命吧，厨房！

革命吧，厨房

写到这里我有些为难了，因为厨艺欠佳，对厨房的了解仅限于它是我们家的一个生活单元。我不知道那些盘碗、筷子、汤匙，锅碗瓢盆的隐秘生活，它们只在我吃饭的时候跟我见面，大多数的时候都默不作声。跟那些喋喋不休的椅子们不同，餐具是家里的隐士一族。

但我急于想建立一个新的厨房秩序，就得先和这些"厨房居士"们成为朋友，于是我勇敢地走进厨房。我先跟案板和刀具打了声招呼，这是一对难兄难弟，案板有宽大的胸脯，菜刀经常可以躺到上面睡觉，还可以在上面跳疯狂的踢踏舞。案板似乎对那种"咯噔咯噔"的撞击声很享受，从无怨言；拧开水龙头，溅了洗菜盆一身的水花，她咕噜咕噜地说了一句含混不清的话，我清楚是在怪我浪费水了，赶紧堵上地漏的塞子，池里的水漫上来，两枚鲜红的西红柿跃入水中，像完成了一次完美的双人跳水表演；炒锅是个大脾气的家伙，有着漆黑的脸膛和滚圆的肚子，铲子每次都会跟他大吵一番，这是一对冤家对头，每次接触都会是火花四射、热力十足，把个厨房渲染成了战场。油烟机是个无用的仲裁者，它无法平息二者的火气，只好在旁边虚张声势；炒锅和铲子谁也无法打败谁，谁都是谁的俘虏，这时候盘、碗依次前来，它们是负责任的清道夫，清理战场是他们最大的乐事，然而他们每个人都很挑食，只装属于自己的那份菜……

我现在明白了厨房是一个多么复杂的社会，每件厨具都有自己的位置和怪异的习惯，有的时候争吵起来，厨房就会一团糟。比如有一次我们更新一个碗橱，所有的餐具都想拥有一块独立的空间，结果互不相让，连勺子、刀叉都加入了争论，直到我们想出了一个万全的办法才平息了那次事件。

厨房该进行一场变革了，这不仅包括秩序的深入调整，还有每个居民的自我调整，相互间要诚信友爱，充满活力，和谐共处……当然，我们还要发掘每一个厨具的潜质，没准儿哪一个杯子就有着优美的歌喉？筷子或许是一个民间魔术高手？而菜刀会是一个运动健将吗？如果来一场"达人秀"比赛该多热闹！

● "懒杯子"——李思楠

起床，对很多上班族、上学族来说是一件痛苦的事情，尤其是被闹钟硬生生吵醒的时候，有没有想打人的冲动？我的经验是经常需要设置好几个时刻的闹钟，每隔一段时间响一次，直到把我叫醒！然后挣扎着直起身子，犹豫着、矛盾着思考下一步的动作，或许又会狠狠心一个猛子扎回被窝里，再不起来……想想起床时候的场景吧，你伸着懒腰，慢吞吞地从床上磨蹭下来，蓬着头发，呵欠连天，眼睛这时还没有完全睁开，脚步迟缓——这不像走路，更像是滑行，你滑向盥洗室，直到将一杯凉水扑到脸上的瞬间，才重新清醒过来。此刻，像一个失忆症患者突然恢复了记忆，身体的每一部分都各就各位，准备开始新一天的运转。首先有所知觉的是你的肠胃……

每天醒来一杯水，冲刷肠胃，补充水分，美容养颜，这是你多年的习惯了，你兴冲冲地走进厨房，想要找个喝水的杯子，却发现它们都还在酣睡，此刻你一定想：一群懒汉！简直岂有此理！勉强摇醒一个，它还伸着懒腰，打着呵欠，一副极不情愿的样子。好吧，就是它了，管你醒不醒呢，反正我需要一杯水，你抓住它的两只胳膊，像拎着一个不听话的孩子一样，一下便掼到桌子上……

李思楠是个心思缜密的学生，她总能从日常生活的琐碎细节中寻找到设计想法，更重要的，她的设计表现能力很好，往往恰到好处的表达，让人感觉：好吧，这正是我想要的！而"懒杯子"是她众多作业中最优秀的一个。毕业后她本可以成为一名出色的礼品设计师，可惜她找了其他工作，这一直是一件让我深感遗憾的事情。她的这个杯子设计把我逗乐了，形象提炼得很好、很准确，整个设计几乎没有多余的部分，形式与功能达到了精准的结合。

赋予杯子以人的情感是这个设计的初衷，一切有关人的情感和行为方式都可以被移植到杯子上面。他可以很任性，他睡觉的时候你是不能打扰他的；他有自己喜欢的饮料，不喜欢平淡无味的白开水，不过白开水里加点冰糖还能凑合；他不喜欢听愁肠百转的伤感情歌，要悲怆就要大场面的，比如马克西姆的《出埃及记》；他甚至不喜欢屋里有人大声说话，吵架就更不行了；他喜欢浅显易懂的小说，哪怕是大部头的也能静静读完，这个时候他可以一声不吭，任杯中的热气缭绕出自己心目中的形象……他有太多的癖好，如果你是他的主人，就要耐心地去了解他的一切，当然，如果你认为他是一个麻烦制造者的话，那就错了，他同样能给你带来很多乐趣，这往往是相对的。他会在你拎他胳膊的时候"咯咯"笑起来，比春天里风中的铜铃铛还动听；他会提醒你做了一下午设计图该喝水了，懂事儿的样子让你忍不住去碰碰他攥着的小拳头；他会在你百无聊赖的时候腆着肚子跳一段肚皮舞，还鼓励你一起跳……总之，我们需要这样一个杯子，如果你恰恰缺少一个爱人，想要一个孩子或者渴望一个朋友。

很显然，这是一个"拟人"的设计，模拟的是人起床之后伸懒腰的情境。这个情境需要从两个方面入手：首先为动作的模拟；其次为神态的模拟。而且，就一件设计作品来说，我们不应仅仅拘泥于具体形象的刻画，而应该将设计的具体形象和产品的抽象功能进行有机融合，这样的设计才更有意义。

那么，如何实现该设计的第一步——形象设计呢？那只能用心捕捉人们伸懒腰时的典型动作。在做这个工作之前，我们可以拿起相机从身边的人群中捕捉动作，也可以从网络上寻找相关素材（图3.31）。结果是显而易见的，人们伸懒腰的动作"如出一辙"，这个不费吹灰之力就能总结出的共性特征会定格为我们杯子设计的典型形象。同时，这个形象为我们捧起杯子的动作提供了另一种可能，即用双手架起杯子平展出的两条胳膊，这个"亲昵"的动作也进一步拉近了我们与杯子之间的距离。如果你一时想象不出这个形象，就请先看一看我们为杯子所做的草图设定吧（图3.32）。

图3.31 不同的人们伸懒腰的动作"如出一辙"

相较动作的模拟，神态的再现似乎更费周折，一时找不到足够的理由在杯子上绘制出一张传神的慵懒的"呵欠脸"。当然，纯粹的图形设计也未尝不可，但我们更想从造型的角度赋予产品

理性的功能细节。那么，解决的办法还是要对神态进行抽象处理，找到核心的表征元素。这时，是"呵欠"帮了我们的忙，呵欠通过一张圆洞洞的喇叭形的嘴，伴随着一声酣畅淋漓的"啊——"，有声有色地完成了这个动作！仅看这张嘴，我们就能联想到那双紧闭的眼睛和那只微耸着的鼻子以及因张大嘴而不知所措的下巴。最终，我们决定用前后一对椭圆形的凹陷来模拟这一神态，而且我们觉得，如果你想一把捏住杯子的"腰部"的话，这对凹陷是一个绝佳的位置。

图3.32

　　这个凹陷就是杯子打呵欠的"嘴"了，那么一张嘴就够了吗？它的眼睛呢？鼻子呢？耳朵呢？好吧，您是一个细致而周到的人，但对于设计来说，并不是面面俱到、将所有元素都表达出来就是成功和完美的设计。有的时候恰恰相反，好的设计要点到为止，将核心和必要的功能和细节展示给大家，同时隐去次要的元素，给人以想象空间。此时，"少即是多"，比面面俱到的设计更有表现力。就像一篇优秀的短篇小说或者舞台剧本，在结尾处总要留给人以遐想的空间，最忌讳将一个确定的结局和盘托出，观者倒不一定接受，设计也是这个道理。

　　最后的结果如图3.33所示，产品造型忠实地表达出了产品所承载的功能，且使用造型元素生动活泼，把一个"睡懒觉"的杯子形象活灵活现地表现了出来。当然，如果您认为哪里还有修改的必要，记得告诉我！

图3.33

图3.34

　　赋予设计作品以人的诸多特质谓之"拟人"，这非但是文学创作上的一个修辞手法，也是设计师表达创意的重要手段。如此，每一件产品都会有自己的性格和情感，它们就不只是简单意义上的生活用品了，而是我们生活中不可或缺的家庭成员。他们和我们是平等的，所以此时你如果想要用好一个杯子，就先了解杯子的脾气吧，试着和他和睦相处，这会是一件多么具有挑战意义的事情！

　　写到这里，我想起了一个风靡网络的调料罐设计，就是左面（图3.34）这对拥抱着的黑白精灵。瞧那忘情投入的状态，却是一脸呆萌像。这显然是装载了不同调味品的调料罐，用两种对比强烈的颜色来加以区分，造型上采用了拟人的手法，人物造型的提炼恰到好处，尤其两个眼睛非常"凑巧"地充当了调料的出口。当然，准确地说，他们的脸部只有眼睛，为什么？耳朵不可以有吗？原因自己想去吧……

　　这个拥抱姿势的设定也是从功能上考虑的，这从一定程度上向人们暗示：这两个调料罐是相互依存的关系，二者不可分离，就像如胶似漆的伴侣一样。试想，有谁会在使用完他们后不记得放回原位呢？让热恋中的调料罐们忍受分离的痛苦有点不人道吧？这也许也是设计师的目的之一。

　　总之，这是一个优秀的拟人化的设计，我们还可以解读出设计的其他用意，你觉得呢？

● "WE ARE FAMILY"——张海

　　我起初没有注意到张海的这个设计，因为这个设计不够"张扬"，也因为张海不够"张扬"。课堂上，在我的煽动下，多数人如我所愿地开启"癫狂"模式，那些天马行空的想法肆无忌惮地在天空中飞翔，好像很多华丽的梦想一样。"我没有太多想法，只是想把刀叉和勺子放到一起，做一个多功能的设计！"他的言辞很低调谨慎，就像他呈现的设计想法一样。他其实是一个勤奋的好学生，早在我教他们课程之前我们就认识，他主动到办公室向我请教问题，很礼貌和谦逊。毕业之后我们也一直保持联系，遇到有关设计的事情，他都会给我发一个消息以分享。

　　"让我们的刀叉夫妻有一个勺子的家"，这是张海的朴素愿望。他把勺子柄部做得很粗大，白色，无一点装饰，只是尾部蜗居着一对刀叉。刀叉柄的截面都是半圆，正好相互补偿，凑成一个整圆（其设计草图如图3.35所示）。不得不说，我很讨厌多功能的设计，总有拼凑的嫌疑，还容易把产品的核心功能埋没掉，也容易造成过度设计，违背了设计的原则。而张海的这个设计能够做到主次分明，取舍得当，不喧宾夺主，低调，甚至还有点生活哲学的意味在里面。

这个设计功能上的合理之处在于勺子和刀叉属于同一类别的工具，在使用过程中极有可能在同一张餐桌上并肩战斗，这样便可充分发挥各自优势，取长补短，以完成各种高难度的艰巨任务。当然，我们的主角（即充当"家"的角色的餐具）可以采用轮换制，这次是勺子，因为你要面对的是一大碗热气腾腾的粥；下次就该换成叉子了，因为你要对付的是难缠的"意大利面"；再下次就换成刀子吧，整块牛排如果不切成小块儿的话实在难以下咽……如果你质疑我们家的食谱为什么这么乱？我们这叫"同一个饭桌，同一个梦想"！

这时候，课堂上循环播放的音乐正是北京奥运会的主题曲《You and Me》，这首歌每次放的时候都会收到不少的嘘声，倒不是这首歌有什么不好的地方，而是大家天天听，耳朵里早磨出了老茧，无论在家看电视还是去商场买东西，无论老人还是小孩，都在用各种英文唱："You and Me，From one world，We are family。"但此刻，这首歌却成了这个设计的一个绝佳注脚……

无论从设计创意还是设计实现上来说，这都是一个合格的设计，设计师采用这样一种方式让三个产品合而为一，使用户可以根据需要选择不同的产品。当然，如果三个工具都用得着的话就再好不过了，这个设计可以实现其使用价值的最大化。那么，在什么场合下我们会最有机会使用到三个不同的工具呢？家里吗？似乎家里不是他的用武之地。我们来分析一下多功能产品的最大优势：功能多，便于携带，方便存储和运输以及以不变应万变的独特优势！没错，当我们来一次远足，进行野餐的时候，这个产品的优势就显现出来了……

可能设计的原作者在设计之初会有自己的考虑，这个我不得而知，以上的想法只是我的猜测而已。不过我的目的是要告诉大家，一件设计作品若要实现自己的存在价值，必得有一个明确的定位。这个定位可以是明确的适用人群，可以是确定的使用环境，也可以是为了引领一种新的生活方式。总之，一般意义上来说，产品设计不同于艺术表达，要做到有理有据，要服务于大多数的第三方。当然，那些自娱自乐和面向小众的设计除外。

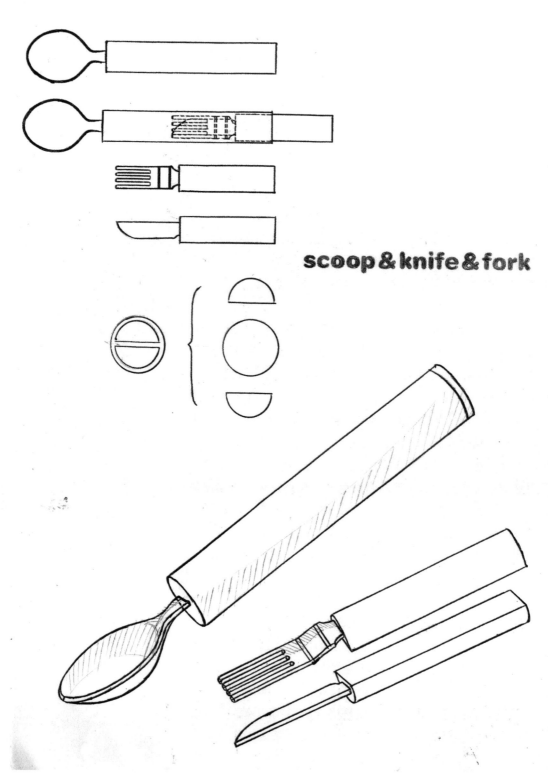

scoop & knife & fork

图3.35

最终的设计结果如图3.36所示。

图3.36

点评：

"多功能设计"是一个很重要的设计思路，也是一个很"危险"的设计方法。因为多功能绝不是简单的功能叠加，而要有很好的构思在里面。各功能之间最好有一定的内在关联，做到功能多而不累赘，才是完满的设计。

当然，若说多功能设计的优秀案例，瑞士军刀（图3.37）是鲜被超越的经典设计。它能把各种日常小工具全部致密地折叠到一道狭窄的缝隙里去而不相互干涉，又取用方便，实在是不容易。

图3.37

> **设计小百科**
>
> 　　瑞士军刀是由瑞士人卡尔·埃尔森纳（Karl Elsener）最早设计制作，并创立了维氏（Vicorinox）公司。由于该刀具小巧便携，并且功能强大，使用方便，成为瑞士军方的必备用品，因此得名"瑞士军刀"。
> 　　瑞士军刀通常包括的基本功能有：剪刀、圆珠笔、平口刀、开罐器、螺丝刀、镊子等。不过随着社会的发展和新的功能需求的增加，瑞士军刀又整合了许多新的功能，如LED手电、USB存储器、打火机、钟表等。

　　在设计上，瑞士军刀又根据不同的使用场所对不同的功能进行了整合和分类，如适合野外旅行、考察、探险等用途的"瑞士冠军"系列，适合居家生活使用的"攀登者"系列等。

争分夺秒向前闯.

奔跑的时间

那个著名的和时间赛跑的故事可能尽人皆知：夸父为了和时间竞走而去追逐太阳，最终不堪饥渴倒在了路上，临死之前，他把手杖化作一片桃林，为后来者遮阳祛暑……

现实中，我们每天都在和时间赛跑，可实际上，我们谁也没能够跑过时间。我们像当年的夸父一样全部倒在了追逐的路上。时间一直在我们前方不曾被追上，逐日的人却一个个老去，时间戏谑地在我们的身体上留下脚印扬长而去，那些皱纹爬在脸颊上慢吞吞地数着时间行过的足迹，一遍遍加深着印象。从嗷嗷待哺的婴孩到形容枯槁的老人，时间给我们的长度是如此有限，这个长度多不过百年。这种显而易见的残酷无时无刻不在提醒大家：不要浪费时间，积极生活吧！

请原谅我把话题搞得如此沉重，这沉重是我们面对着一个永远无法打败的对手却还要一次次奋不顾身地冲上去，这沉重是我们永远只能面向不确定的未来而不能重温过去哪怕最经典的瞬间。这一切因为时间是一维的，所谓光阴似箭日月如梭，所谓覆水难收，都在警示我们时间的不可重来。假如我们错过了什么，或者做错了事，只能哀叹一声："假如时间再给我一次机会的话……"可是不会再给任何机会了，抓住当下和未来才是最当紧的事儿。

这时传来钟表的"咔哒"声，这是那支不辞辛苦的秒针夜以继日奔跑的声音，他像一头不知疲倦拉磨的驴子，永远走不出自己狭窄的理想，一圈一圈，"咔哒""咔哒"……我突然意识到这里面隐藏着的大阴谋，我们将钟表设计成"圆周"，难道是说时间可以重来吗？转一圈又回到起点了吗？这是一个骗局！是时间和他的代言人——钟表合伙制造的假象！我因为发现了这个"惊天秘密"而冷汗涔涔，可我暂时还没有破解这个假象的秘方。目前，我唯一能做的只有"设计"，还不知道能不能奏效……

但时不我待，是时候去揭露这个谎言了，是时候重新振作，和时间赛跑了，出发吧！

● "TIME IN THE CORNER"——徐春

这是一个低调的女生，这种低调可能源于她的不自信，其实她在创意方面很出色，每次作业都可圈可点，但在细节的把握上还有待提高。她毕业后被保送成为了本校的研究生，可见成绩在同届学生中很优秀。虽然我不是她的研究生导师，但在专业上我们还时有交流，我很欣喜看到她的点滴进步。

她给这个作品起的名字是"TIME IN THE CORNER"，她的这幅作品的草图给了我很大的想象空间："时间"竟藏到墙角里去了！是啊，时间就像一个和我们玩捉迷藏的伙伴，很调皮，思维活跃，经常有出其不意的举动。"捉迷藏"是它最喜欢玩的游戏了。

游戏开始了……

试着想象一下，如果我们回到童年，几个小伙伴凑到一起，玩什么呢？丢沙包还是捉迷藏？总有一个挑头的大声说：捉迷藏吧！于是讲好规则，大家伙儿呼啦一下散开，像一群四散奔逃的野兔儿躲避捕猎者一样。这里面，一个小伙伴的名字叫"时间"，它只是我们中间很普通的一员。这一次，该"时间"藏了，它实在很擅长这项游戏，这次选择的藏身地点竟然是墙角！当时我们搜寻了所有能想到的地方，都没有发现时间的影子，正在气馁的时候，是它自己出卖了自己，发出"咔哒咔哒"的笑声。显然它很得意自己选择的藏身地点，这个墙角也很适合它的身材。而我们惊奇地发现，搜寻的目光几乎从任何角度都能够到达这个墙角，但每次排查都没有发现它，正所谓"最危险的地方就是最安全的地方"！而蹲在墙角里的时间，就像一只胸有成竹的蜘蛛一样，耐心细致地经营着它的地盘。

时间躲到墙角就不愿再出来了，对于它来说，那是一个绝好的地方，用它的话说，简直比那些可怜的住地下室的"蚁族"们要强百倍，因为那里至少可以高瞻远瞩，一览无余了，远比地下室的阴暗潮湿要惬意得多。当然啦，我们也可以从那一声声匀称的"咔哒咔哒"的笑声中感受它的满足。笑声是可以传染的，很快，屋里所有人都适应了墙角里的时间，就像适应了他的笑声，因此所有人都很满足。这种满足还源于躲在墙里的时间为我们腾出足够的空间去安置其他的东西，比如一组现代感十足的电子相框，就像图3.38里所展示的那样。因为钟表主动迁居墙角，可以让我们有完整的一面墙用来放置这些相框。

这个设计所要解决的问题主要体现在造型方面，因为要适应墙角的形状，我们首先必须把钟表改造得恰到好处，以使其造型能够与固定的许可空间实现完美结合；其次还要兼顾钟表的角度，保证人们在房间的各个角度都保有较佳的观察视角；再次就是要保证安装和调试的便利性，必要时可借助工具，当然最好不要借助工具。草图设计如图3.39所示。

图3.38

　　我想，至此这个设计还没有结束，关于这个喜欢在墙角蜗居的钟表，我们还会有更多的放置方式，比如沿着墙角笔直的竖线站立，或者沿着屋顶与墙面之间的直线横卧，凡此种种。但无论哪种方式，这个设计的立足点都是致力于为我们的家居生活节省更多的空间，为其他家居用品的使用提供更多可能的方式。

　　大家不要为我们所设定的"捉迷藏"的游戏场景所迷惑，也许"时间"远没有这么调皮，更多的形象源于我们内心的想象。只是受到了场景的"诱导"，我们可以"入戏"深些，达到忘我的境界，更容易设计出符合目的要求的作品。是的，很多时候，我们——设计师、设计对象还有使用者，都是演员。整个设计过程犹如精心编排的戏剧，而设计师往往还要担纲导演和编剧的角色，责任不可谓不重大。为了我们设计的"票房"，设计师们，要加油。

　　如图3.40所示就是最后的设计结果。看起来，它还真像一个盘踞墙角的"蜘蛛"呢，俨然一副主人的模样。此刻，我突然意识到，也许蜘蛛的角色也可以为我所用，因为在一般人的潜意识中，"墙角里的蜘蛛"似乎比"墙角里的钟表"更容易为人所接受！这便又要涉及设计语义上的考虑了，那么，从语义学的角度上来说，能证明"墙角有蜘蛛"的命题，倒不一定非得有蜘蛛的存在，一切

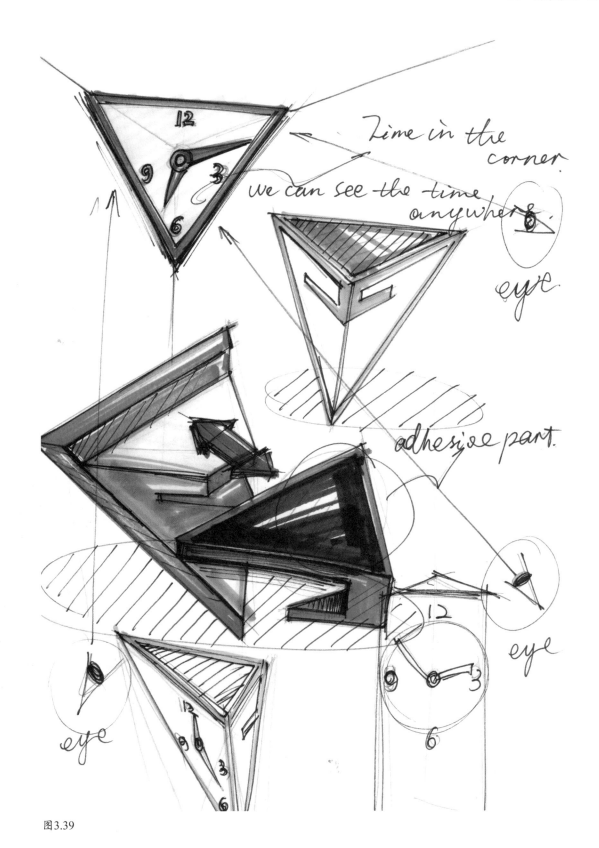

Time in the corner.

we can see the time anywhere.

eye

adhesive part.

eye

eye

图3.39

与蜘蛛有关的元素都可以为命题提供论据啊！而此刻，"蛛网"一定是证明这一命题的最有利证据。

下一步，就是怎么恰当利用"蛛网"的设计元素，让我们的"钟表"在墙角的地位更有存在感。在钟表的设计中加入"蛛网"的元素？或者在"蛛网"的设计中加入时间的元素？大家可以尝试一下，算是对这个设计的改良。

图3.40

点评：

"节省空间的设计"是这件作品的主要诉求点，面对当今城市空间狭小的社会现实以及年轻人对个性化生活的追求，这种设计思路得到了众多设计师的追捧。于是，墙角、房顶成了这些设计的着眼点，但一个好的设计除了要满足空间节省的目的之外，更应该把自身功能发扬光大，"TIME IN THE CORNER"拓展了我们在室内读取时间的视觉范围，是一个很有潜力的设计。

其实，我们身边可是有很多节省空间的设计的，比如大名鼎鼎的奔驰Smart，设计的初衷就是考虑到现实生活中车辆越来越多，造成的道路拥堵、环境污染问题越来越突出。在各个地方，都有专门针对车辆所造成的环境问题出台的相关措施，比如我们经常关注的大城市汽车限购、限号政策，已经向二三级城市推行，但政策执行的效果还有待商榷。其实，设计是解决这些问题的一个有效手段，图3.41中的Smart新能源概念车就是一个例证。众所周知，Smart可以有效节省空间，一个普通的停车位可以停放两辆Smart汽车，其耗油量也比较低，混合使用电能、太阳能等新能源，就可以进一步减少有害物质的排放量。

图3.41

下面这个例子和"TIME IN THE CORNER"有异曲同工之妙，不过主角换成了灯具（图3.42），也是巧妙利用了墙角的空间进行设计，产品的造型与墙角的形状非常贴合。看到这个设计我突然想：这是一个犯了错误的灯具啊，多像我们小时候因为没有完成作业，被老师勒令罚站的场景（当然，现在的老师可不敢体罚学生了），或因为上树掏鸟窝刮破了裤子，被妈妈教训后低头忏悔的场景。墙角里一盏"羞涩"的灯，我们所见到的显然不能代表这个设计的全部，这个设计所传达的是一种生活理念，一种解决问题的睿智表达。

图3.42

这样的例子还有很多，图3.43所示这个坐具的设计以类似于手风琴的结构解决了家具存放和有效使用两种不同状态下的设计问题。当使用的时候可以根据人数确定展开的面积，不用的时候可以折叠成单个椅子的大小，非常节省空间。

图3.43　手风琴椅

● "角色时钟"——何震

"拽上时间的飞轮，你能想象你会飞得多快吗？"何震说，时钟的时针和分针绝对是一对宿敌，他们经常在工作的时候较劲，看谁跑得更快。当然，就像大家都知道的，时针的腿脚永远赶不上分针，分针一圈一圈从时针身旁跑过，每跑过一次就像刮过一阵旋风，炫耀似的扬长而去，你似乎能感觉到他会回过头来向这个落败者张望以宣示自己的强大，就像那位在北京奥运会上声名鹊起的百米飞人博尔特一样。相比较之下，时针的身材矮胖，而且是个慢性子，你几乎看不到他在移动，他的步伐总是很缓慢，一丝不苟，他总是给人一副异常努力的样子。我想，这个样子应该是紧闭嘴唇，眉头紧锁，而且有两柱专注的目光射向前方，仿佛一名执着的纤夫拉着一艘异常沉重的货船。

当然，以上的文字描述和竞技场景都是我们臆想的结果，究竟有没有这样一个比赛我们不得而知，唯一知道的是二者相安无事，互不干涉，好像运行在两个不同轨道上的行星，他们都以精确的步伐向前，都孜孜不倦，永不回头。

我："我看不到他们的内心……就是两根指针在赛跑吧，如何做得生动一点、纯粹一点？不如把数字去掉吧，用一种模糊显示的方式？"

何震："其实，两个指针都有'心魔'的吧，他们内心深处都藏着两个小人儿，表面看似波澜不惊，实际上两个小人儿一直在明争暗斗，跃跃欲试……那就把他们前台化，让他们乘着时间的飞轮来一场真正的竞赛吧！"

　　我："两个小人儿的角色设定异常关键，应该在一定程度上是对立的，矛盾的或者至少在形象上有着本质的差异性，以此来设定两个指针的话，会更有区分度和戏剧性。"

　　何震："对，传统钟表中两个指针以长短肥瘦来区分，长而瘦者为分针，短而肥者为时针，在这个设计中还可以用附加的人物角色来区分，可以说是对人们认识习惯的一个改良。"

　　我："指针长短的差别还是保留吧，因为这并不影响我们的设计表现……"

　　何震："保留吧，如果没有长短的差别，两个指针极有可能产生混淆，如果这两个形象同时能代表快慢就好了……"

　　我："其实，龟兔赛跑恰到好处！"

　　何震："呃，龟兔赛跑……"

　　画外音：借用"龟兔赛跑"形象作为指针的钟表已经出现了（图3.44），这实在是一个令人沮丧的消息！对于设计师来说，如果你千辛万苦冥想出一个方案，却发现已经有人先期使用了，我们无论如何是不能再用的，不然会有抄袭或故意撞车的嫌疑！

　　如果你已经厌倦了钟表指针千篇一律的形象，那就不妨玩一玩这种"换装"的小把戏，选择什么样的形象完全由你自己做主！将我们的设计打开一道门，让热衷此道的普通消费者参与进来，是当今产品设计的一个策略。这种策略的实施源于社会文化的多元发展和消费者的个性化诉求。我们无法考证这股设计风潮从何时兴起，但就其飞速发展的状况而言，个性化设计已经成为现今时代大众，尤其是年轻人表达自我的一种有效手段。通常而言，工业设计的概念常被解读为"批量化生产的产品设计"，批量化与个性化似乎是一对不可调和的矛盾，但聪明的设计师们显然已经找到了一种调和的办法，那就是让消费者有限度地参与到设计中来，制作属于自己的个性化产品。

图3.44　龟兔赛跑钟

　　最终的形象设定当然绕过了"龟兔赛跑"，代之以一男一女两个卡通人物的形象，由于性别上的差异，二者也可以在一定程度上制造矛盾和冲突。对于产品的视觉细节上来说，二者也有各自鲜明的特点。当然，钟表时针和分针的长度还是有所区别，保证了两个指针的区分度。钟表的数字去掉了，但为了确保显示时间的精确性，在指针的转轴位置增加设置了LED数字钟表显示功能。当然，为了配合这种变化，转轴位置也适当地进行了夸大处理。

图3.45和图3.46分别是该设计的草图和最终效果图。

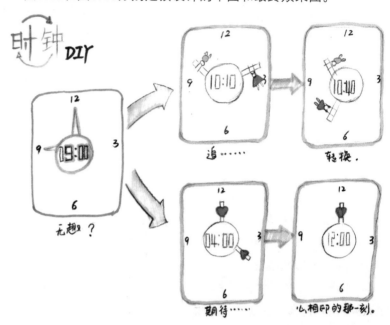

图3.45

图3.46

点评：

DIY（DO IT YOURSELF）一直是一个吸引消费者参与产品设计的有效方法，通过预留的设计空间让使用者过一把设计的瘾，"角色时钟"给了你这样的自由。你可以自主选择甚至制作不同的角色。当然，如果你愿意，还可以把自己的形象制作上去！再扩展一下，如果你没有女朋友，可以一个人在上面飞转，如果有了女朋友，那就两个人一起玩追逐的游戏吧！是不是很有故事性？没错，DIY自己的故事，才是这项设计最重要的目的。

说到DIY，其实大家都不陌生，现实生活中，我们都曾在不经意间使用到了DIY的产品。最常见的比如定制手机壳（图3.47），定制手机界面等，生产厂家也乐于通过开放定制的方式来招揽更多的用户。DIY的实现是以标准化为基础的，因为只有将产品部件标准化，才能保证不同风格的个性化部件的正常组装和使用。

图3.47　iPhone手机壳

花想有个家

　　我一直想，花盆里的盆栽比之于大地之上的植物更像是一些"游子"。它们过早地脱离了母亲的怀抱，由于各种原因，散落于人类生活的各个角落——阳台中，墙角里，隔板上，成为人们生活的点缀。或为绿色的叶子的点缀，或为缤纷的花朵的点缀，或为宜人的香气的点缀……它们是无根的，它们的根盘亘在花盆或花瓶的底部，无法摆脱，无法由着自己的性子去追逐地层深处的水分和养料，无法铺开一张根系的大网，像一个张开的怀抱一样把大地拥紧；它们是拘束的，往往随形就势，给你一个墙角就该是墙角的形状，给你一个栏杆就该是栏杆的形状。如果想要自由发展，马上会有一把剪刀在他头顶上盘旋，将那些骄傲，不满，胆大妄为统统剪掉；它们是可怜的，因为无根，没有靠山和强大的后盾，因为拘束，没有自我，没有发展的空间，一切都是安排好的，无法选择。直到有一天，残根断茎被丢弃在了一堆瓦砾中间，我倒觉得它们获得了重生……

　　是啊，有多少人的家里囚禁着这样的绿色？我们家里就有，你们家里也一定有。我不禁想起之前在北京求学之际，在潘家园附近有一小片的空地，上面只余几根枯树，只有几个枝子上还挑着叶片，在风中翻转，直让人揪心它们会不会不小心从空中跌落下来。就是这样一个地方，还聚集了不少遛鸟的老人。他们把鸟笼挂在几根枯枝上，在一旁悠然地聊天，鸟儿们也在笼中快节奏地沟通着，旁边就是一条异常繁忙的街道，汽车的轰鸣在马路上空碾过，把那婉转的鸟鸣也带走了……又想起老家田野里那些生灵们了：沟畔的野菊花，一丛丛一簇簇，挤挤挨挨地长在一起，有风过来，那些小细花瓣就微微颤动。如果你起得早，会看到它们允吸一颗晨露的呆萌相！很少有人刻意关注它们，但这丝毫不影响它们的生活。随着岁月流转，一年年轮回着生命。今年是一丛，明年在旁边也许会多出几丛，生命的繁衍大致如此：默不作声，坚韧不拔！当然比菊花更多的是野草，庄稼地里，排水沟底，乡村土路上，遍布着它们的身影，是快乐的生灵，夜晚还能听到它们合唱的声音，那是一种宏大的，潮水般的声音，黑夜一般的宽广。这声音是包容的，蟋蟀的琴声响起的时候，它便退去了，成为厚重的背景。所以我们在秋夜常听秋虫弹唱之声而忽略了草儿们的合唱，实在是不应该！

我不禁有点同情那些被以自然的名义绑架的花草，它们远离家乡被放逐在这陌生的城市里，它们孤单，寂寞，却无人理解。其实，"花想有个家，一个不需要多大的地方，一个可以恣意妄为，随性舒展的地方。"

其实，我们的生活又何尝不是如此？人们离开自己的家乡，来到一个陌生的地方，为自己心目中的"未来"进行奋斗。而这个陌生的地方，在不断接纳外来人口的同时，也逐渐变得面目全非了——有的地方宛如超级大都市，一墙之隔的另一侧则可能是一片荒野的废弃之地。

● "花漂"——刘佳

或许是受了我前面叙述的影响，刘佳的这个设计重新诠释了花朵的"悲惨"处境——"漂泊"，是他给这个故事设定的一个关键词。如何体现主人公（花朵）的漂泊感，成了这个设计的关键所在。

这个设计的重点是一个"花器"的设计，为什么叫"花器"呢？因为这种定义更宽泛一些，如若说"花盆"，不利于思维的发散。

搜索一下"漂泊"的定义：为生活所迫到处奔走，居无定所。还有一个关键词：奔走。这两个词会让人想到很多形象。其中最突出的就是一个背着旅行包的行者，风尘仆仆，表情笃定，黑墨镜，一头微黄的并不干净的长发，蓬着同样微黄并不干净的胡须，上面还沾着星点的草屑。风吹过头发和胡须一起蹿跳着飞扬。或许在他走远的时候，一些歌声会随风飘来：我要从南走到北，我还要从白走到黑……我有这双脚，我有这双腿，我有着千山和万水……当然，这显然不是一枝花所应有的状态。

继续探源，又有"随流水飘荡，停泊"之意，如此，"漂泊"的定义便与水结缘了。我们都有所悟，为什么不可以把花放到水里？为什么不可以让花器动起来？这是一个大胆的设想。设计行到此处，为了应对"水中漂泊"的定义，"花器"的设计有好几个形象要素可以选择。其一为小船的形象，想象一下一支玫瑰独立船头向晚风，船中羁旅的孤独形象却也顺应了流水飘荡之意；其二为水中浮萍，这倒与花的形象更为贴近了，因为都是植物嘛，属于同类，内容上也相通了。

其实倒不必一定是浮萍，进而可以推理到莲花和莲叶，二者外在形象的关联正好可以隐喻花朵与花器之间的关系。试想一下，莲叶蓬松宽大的形象在视觉上有一种向外扩张的膨胀感，这恰是一个"容器"该有的形象；而莲花根植于水底的淤泥之中，"出淤泥而不染"的高洁品质使得莲花的形象跃然凌驾于莲叶之上。我们可以想象一下，一朵莲花挺拔修长的身材和俏丽的脸庞，活脱脱是一个被衬托、被歌颂的形象呢！

　　图3.48是简单的设计推理过程，这种关键词"列举法"是我们在进行创意发想的时候经常用到的方法。

图3.48

　　如此，这个设计的形象就呼之欲出了，以莲叶为蓝本进行设计，"花器"的造型元素尽皆取自莲叶，那么莲花的位置虚席以待，可以用各种花朵进行替换。这样，有花有叶，便可拼凑成一个完整的形象。当然，"花器"若想成其为容器，还要有容纳花朵根茎的腔体，还要能漂浮于水面，具备"漂泊"的意境（设计草图如图3.49所示）。这些都是这个设计的具体细节，要好好推敲和把握，才能成功表达我们的设计意图……

　　最后总结一下：花器与花朵之间的关系可以理解为容纳与被容纳的关系，也可以理解为衬托与被衬托的关系，二者相辅相成，缺一不可。其中，"器"者，需有容人之量，这里的"容"，不但指"容纳"之容，还包括放低姿态，成就对方的"气度"，更是一种"容人"之容。所以从这个意义上来说，花器应该是低调谦逊，不事张扬的形象，但绝对不可以平庸，更应突出其品质感；而作为"花""器"组合最出风头的花朵来说，则要极尽华美之能事，大胆地夸张，无畏地炫耀，只是为了增强与花器之间的对比，使我们的设计更加具有视觉的张力，最终效果如图3.50所示。

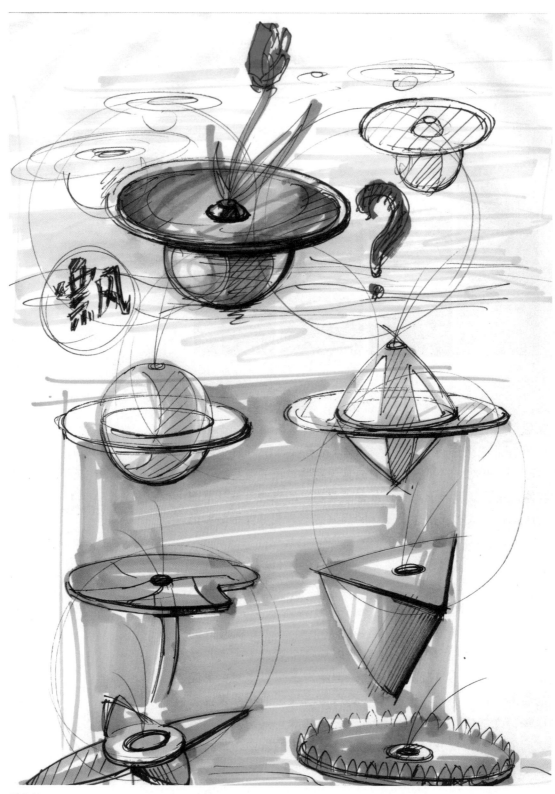

图3.49

图3.50

点评：

改变产品的使用场景，产品的面貌就会发生很大程度的变化。如果你的思维枯竭，不妨试试这个方法，可能会为我们的设计带来意外的惊喜。将花的家安到水面上，不仅改变了产品的造型和使用情境，给植物浇水的任务也可以就此取消了，这也算是功能上的一个细节改变。当然，在这里安家的最好是那些对水依赖性比较强的植物才好，仙人掌们请果断绕行吧！

给产品换一个使用场景，真的能改变产品面貌吗？看看图3.51中的汽车设计。这是中国设计师张宇涵的概念设计。这款名为Aqua的大众概念车主要靠氢燃料电池来提供动力，确切地说，它是一款由叶轮推动的气垫车，可以适应水面、湿地、冰面等多种不同的路面。当然，这只是一款概念设计，但围绕这个概念所做的造型和结构上的改变已经完全打破了传统意义上的汽车形象，或者演变成为了另外一种产品。

图3.51　Aqua大众概念车

有的时候，产品的演变与地球上的生物体进化一样，具有同样的规律。环境的改变导致了产品功能的改变，产品的细节也要做出相应调整，以适应新的功能，时间长了，就衍生出新物种（产品）。

概念设计往往有一种让人抓不住、摸不着的感觉，但由自行车到健身车的演变是大家有目共睹的事实（图3.52）。自行车是大家都很熟悉的代步工具，是一种户外工具，而健身车主要的使用地点则是室内。二者有很多共同点，其操控方式和对人肢体的要求都如出一辙。如二者都要求人以手臂把持住车子的前端，而以腿脚做快速圆周运动以完成产品的功能；不同点在于自行车通过人力驱动可以产生位移（即位置的变化），而健身车不产生位移。二者的功能也有所不同，前者主要起到运载功能，将人或物品由A地运到B地，后者则是通过人身体的协同运动达到健身的目的。

　　所以，根据二者不同的功能，其设计的着力点就产生了分化。自行车设计师们致力于让自行车具备更加省力和便捷的操控感，或者便于携带，或者为了适应于不同的路面环境对其进行改良，或者针对不同的使用者进行针对性设计，从而演变出不同的自行车系列；而健身车的设计则主要着眼于其健身效果的实现上，其中人机操控的舒适性和界面交互的友好性成为重点。使用者需要通过这一目的性很强的运动项目达到最快的健身效果，这些效果最好能够立竿见影。所以健身车的反馈信息能力必不可少，甚至还可以根据不同使用者的具体情况制定相应的健身方案，满足个性化需求。必要的话还可以通过连接网络，对相关信息进行共享，在健身的同时与人交流。

图3.52

● "生根"——韩鹏

　　树桩是树木被砍伐后留在地面上的痕迹，好像被砍掉头颅的生灵，空余一个躯壳在等待着什么，这多少有些恐怖的味道。时隔这么久，我确实已经忘记韩鹏选择树桩作为"花器"载体的初衷是什么，因为与花朵的靓丽外表相比，树桩的形象完全可以称得上丑陋，二者的对比是如此强烈而不协调！不过也许正是因为二者的不协调吧，才能够愈加显示出花朵的婀娜多姿，也许正是因为花朵的婀娜多姿吧，才能够给本来暗淡的树桩添加一抹亮色。

　　所以，两个看起来并不搭调的形象被拼接在了一起，以花朵来

图3.53

延续树桩的生命该是这个设计的最主要目的吧？

对的，如果用一句话来总结这个设计的话，那就是"花朵的生根延续了树桩的生命"。对于树桩来说，它们是幸运的。因为如果没有这么一个美丽的机会的话，它们很可能会变成一堆劈柴，然后会变成一簇簇蹿腾的火苗，最终以一堆灰烬的形式结束生命的轮回。而它们不是被点燃的，那火苗就像是已经存储到树木身体里的东西一样，燃烧只不过是一次释放的过程，释放的是整个生命历程里储藏的火烈的日光呵！释放的是多年孜孜以求不知疲倦向天地索求的强大生命呵！

我被这个设计感动了，感谢花朵们让这些行将毁灭的生命见证者们重新拥有了一份别致精美的生活，这份生活是它们从没有体验过的。它们本来以为自己会像很多同类一样被丢失、被粉碎、被抛弃，结果它们与生俱来的不平凡的美感和随时散发出的生命的沧桑被设计师们发现了。这似乎是不经意的，不经意间有了一种诗样的凄美的感觉，就像它们陡然被折断的生命一样，有一股凛然的气概！

然而，花朵们毕竟太娇弱了，娇弱的生命容易美丽，容易殒逝，容易成为点缀，那就让花朵去点缀树桩吧，用娇弱去点缀强健，用美丽去点缀丑陋，用让人生怜的易逝去点缀执着于心的顽强。就这样的吧，它是互生互长的生灵。如果说是花朵延续了树桩的生命，毋宁说是树桩强化了花朵的生命，他们二者本来就是密不可分的啊！

由于取自天然的材料，树桩最好不加修饰，保持本色就好，如果人为加工过，反而破坏了其自然拙朴的感觉。那么，如何将花朵插入树桩就成为重点要解决的问题。直接在树桩上掏几个洞出，是不是显得过于草率和不负责任？我觉得此时应该借用第三方的材料在树桩与花朵之间区隔一下，木本的树桩和草本的花朵毕竟属于同类，新材质的加入无论从视觉上来说还是从触觉上来说都能与二者产生对比，而增加设计的表现力。

那些与花为伍的"花器"们，以玻璃、金属、陶瓷居多（图3.53）。玻璃的透明感彰显着花枝的轻盈与婀娜；金属的冰冷感烘托着花朵的妩媚与多情；陶瓷的温润感映衬着花叶的端庄与贤淑。用到此处，与玻璃的易碎，金属的冰冷相比，我们更青睐陶瓷的温润，于是，嵌入树桩体内的瓷芯成为了花朵真正的载体，陶瓷白色的质感和光泽与木材的质朴与淡雅相得益彰。设计草图和展示效果如图3.54和图3.55所示。

图3.54

图3.55

点评：

给"被抛弃的物品"以二次生命是设计的重要任务之一，这可以叫"绿色设计"。我们倒不必纠结于该设计是否符合所谓的"3R"原则，而更应该关注设计带给我们的生命体验，从这个角度来讲，没有比在一个树桩上盛开烂漫的花朵更让人宽慰的了。当然，从视觉美学上来说，我们还可以找到很多对比，诸如树皮的粗犷与花朵的细腻构成的肌理对比，诸如树桩的灰暗与花朵的娇艳构成的色彩对比……正是这些对比丰富了产品的表现力。

✔ 设计小百科

绿色设计将产品的可拆卸性、可回收性、可维护性、可重复利用性等作为设计的目标，同时要有出色的环境亲和力，符合著名的Reduce（减少环境污染）、Reuse（再利用）和Recycle（产品回收）的"3R"原则。绿色设计也叫生态设计，体现了人们对现代社会经济发展所引起的生态环境破坏的反思，也体现了一个负责任设计师的社会公德和设计品格。下面我们列举了几个绿色设计的例子，读者可以从这几个例子中去体会这种设计方法的独特魅力。

图3.56是上汽集团自主研发的"叶子"概念车，能够将光能、风能转化为电能，还能模拟植物的光合作用将空气中的二氧化碳和水分子吸附后由微生物作用形成电流，实现了汽车产品与自然环境的有机融合。

图3.56

图3.57是斯塔克为沙巴法国公司设计的电视机，采用了高密度纤维材料作为电视机壳，这是一种可回收的材料，体现了绿色设计的思想。

图3.57

图3.58

这一组设计利用已经废弃的产品和材料，并对其进行重新组合，从另外的角度发掘其实用价值，使产品呈现出别样的精神风貌，这可称产品的"再设计"或"可持续设计"（图3.58）。

设计小百科

菲利普·斯塔克是来自法国的明星设计师。他的设计作品包罗万象，几乎囊括了我们日常生活的方方面面。纽约的旅馆、法国总统的私宅、灯具、座椅、马桶刷，甚至废物处理中心，都能找到这位传奇设计师的足迹。这是一位疯狂的创意家，浪漫的诗人，设计哲学家，他把他的个性和名字深深镌刻在了他的设计作品上，其卓越的设计成就和不羁的性格成为众多现代设计师的榜样。

不过说起菲利普·斯塔克，其最负盛名、曝光率最高的作品要数这件完成于20世纪90年代的柠檬榨汁器了，如图3.59所示。

图3.59　柠檬榨汁器与设计师

这个既像章鱼又像蜘蛛的家伙，虽然畅销，但其实非常不实用。如果你真想买来当榨汁机来用的话那就错了，它的艺术和装饰价值远远大于实用价值，可说是工业设计经典作品中的另类代表。当然，不排除菲利普·斯塔克的明星效应对该作品施加的影响。其实对于大众来说，这件产品所寄托的，更多的是一种情感化的诉求。

哦，对了，差一点忘记，我这里还有这位伟大设计师的官网：http://www.philippe-starck.com，感兴趣的话，就去领略一下他的风采吧！

蜡烛，请生！

蜡烛，请坐

其实，蜡烛是幸运的，蜡烛的燃烧过程被冠以很多高尚的内涵，因为"蜡炬成灰泪始干"，使蜡烛和"到死丝方尽"的春蚕一同站到了道德的制高点上，而经常被比喻成蜡烛的，便是教师了！

我是一名教师，说实话，写到此处我有些纠结，不知道自己有没有资格担当这样的比喻。毫无疑问，蜡烛抑或春蚕是对那些好教师的美称，而我离好老师还是有些距离的。记得初为人师是在2007年的秋天，2004级的学生几乎可以算作和我同龄，这让我感受到了莫大的压力。第一节课匆匆讲完准备的讲义便再也无话可说，面对几十双渴求的眼睛，我这个初出茅庐的小教师竟然鬼使神差地说出了《师说》中那句：师者，所以传道授业解惑也。这大概是要表明我作为教师的一个态度，不料台下立刻传来嗤嗤的笑声，一种极细微的善意的笑声，我像一个急于表白爱情的毛头小子，因为没有选对时机而涨红了脸……这是一段难以忘怀的经历，直到今天，教师节收到2004级同学的祝福短信，里面以老师相称，仍让我感觉到惴惴不安。还好我只教了他们一门课程，待到下一年，已经进入状态，比之第一节课要好多了。

七八年的教师生涯让我在授课技巧上得到了很大的锻炼，以及掌握了一套与学生沟通的方法，然而这一切却全是在授业一个方面的长进，至于传道和解惑却没有办法做到。这非指自己不努力，而是指要对教师的职业有更深入的解读，对自身的专业技能和社会现状的联系有更全面的了解，才能够介入这种状态。所以我不认为自己已是一名合格的教师，我还在路上……

当然，关于教师，我们也听到了很多质疑的声音，从"范跑跑"到"杨不管"，从"猥亵幼女"到"暴打老人"，无论事情的真实性如何，近几年，关于教师的负面新闻层出不穷。同时，这也常让我感到自己正处在一个被舆论监视的位置，从而有一种莫名的恐慌。这种恐慌让我感到自己愈加不是一个合格的"好教师"，愈加感到"蜡烛们"高不可攀，我想以一个学生对老师的口吻说：蜡烛，请坐！

● "蜡烛的眼泪"——郑芬芳

首先说，这是一个烛台的设计。郑芬芳不太善于用语言来表达她的设计创意，但她是一个设计感觉很好的学生，往往能很准确地抓住设计的要点。在设计之初，她用一张纸来记录与蜡烛有关的词语，比如燃烧的烛焰，点蜡烛用的火柴，滴落的蜡油等。烛焰又可以让人联想到其他与火有关的事物，如篝火……火柴可以联想到与照明有关的事物，如太阳、灯泡……蜡油可以联想到类似形态的事物，如泪滴、露珠……每一个词语还可以再扩展，最后织成了一张由词语组成的网（图3.60）。在这张网中每一个词语都可以与蜡烛建立内在的关联，所以每一个词语都可以成为设计的源头，而最终选择的蜡烛滴泪作为主要设计元素，则是为了呼应蜡烛的"高贵的精神品质"。

图3.60

　　可以这样想象，蜡烛的被赞美与被赋予道德的高位，是否也有很多辛酸与为名所累的无奈呢？我想肯定是有的吧，所以当一滴清泪从蜡烛身体上逶迤滑落，烛焰在泪珠上摇曳，仿佛一个挣扎的灵魂欲向世界告白它的无助与痛楚。一个声音在高喊：我不想如此多的被赞美、被高尚、被无私，我只是想平静地燃烧，直到化为灰烬……

　　我们也可以这样想象，一支蜡烛该有着怎样的前世才落得个被点燃被燃烧的命运？我想蜡烛并不一定是代表教师的？如果您不明白就读一读作家墨白的小说《蜡烛》吧，那位老人才更像一支不断闪烁的蜡烛，那不断坠落的蜡油也不再是眼泪了，而是老人被时光消磨掉的一点一滴的生命……

　　原谅我吧，设计者肯定没有想这么多乱七八糟的东西，但我觉得一件设计作品能够保持长久生命力的表现是要不断被解读不断被总结甚至不断被误解的。渐渐地，你发现，蜡烛不再那么高尚了，你仍然要说：蜡烛，请坐！请坐在自己的生命里！

　　蜡油垂吊的形态（图3.61）决定了这个烛台的设计必须限定其使用的地点，桌子边沿是一个不错的选择！此时，蜡油不只是作为蜡烛的一个衍生品而存在，而是要在烛台放置的时候起到一定的辅助作用。产品的使用方式决定了它的形式，滴落的蜡油与烛台主体之间呈90°角的垂直关系，这样就能在一定程度上保证使用者对烛台进行"精确"定位。设计草图如图3.62所示。

图3.61

　　由于"蜡油"的素材取自蜡烛本身，所以产品就与蜡烛有着天然的联系。这种"搭顺风车"的做法能够很好地保证产品（烛台）和它的"小伙伴们"（蜡烛）在设计语义上的传承性。最终设计效果如图3.63所示。

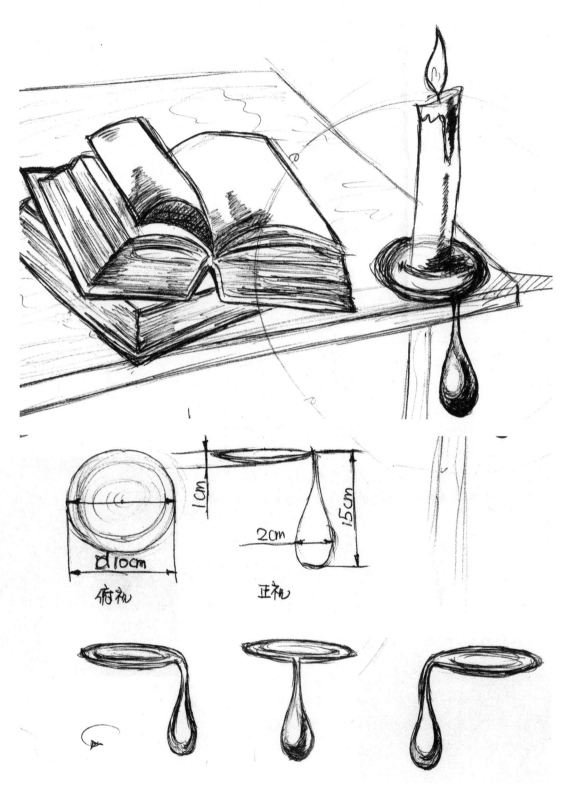

俯视　　　　　正视

图3.62

图3.63

点评：

　　"将细节放大"，就会收到意想不到的效果，这个设计只是抓住了蜡油滴落的瞬间形态，并把他推演成为了一个具体的产品。这样，无论从内容上还是形式上都与产品的受众——蜡烛能够产生关联，浑然一体而又别具韵致。

　　这种方法是设计师们在进行创意设计时经常使用的"小把戏"，通过将人们日常生活中司空见惯的物品进行夸张处理，比如

图3.64

将细节放大，或将物品整体比例进行夸张调整，往往会产生意想不到的效果。说起来，也不是随便对什么物品都可以实施这样的变化，选择的时候要考虑物品本身的属性与所设计的产品将要表达的功能属性之间的关联度有多大。否则就是盲目设计，失去了设计本身的意义。比如图3.64中的iPhone扩音器的设计，则是将一个"喇叭"造型的细节进行了夸张，夸张的目的显而易见。即让使用者一眼就能明白这是一个具备什么功能的产品。说到底，还是强调了一种语义上的传达作用。

上述作品是在保持物件本身属性的前提下进行的细节调整。换句话说，被夸张的是"喇叭"的造型细节，起到的作用仍是"扩音器"的作用，与"喇叭"的功能属性相比，没有产生本质的变化。而另一种夸张的设计则会在一定程度上改变原物件的功能属性（图3.65）。

图3.65

这件坐具的设计造型源于牛奶溅起的瞬间形象，仿佛被摄像机的高速快门记录下来的影像，只不过造型被进行了夸大处理。细想一下，牛奶花儿与坐具本来是毫无关联的两个事物，其功能属性也无相同之处，为什么还能结合到一起？这就要有赖于设计师敏锐的设计眼光和匠心独运。

牛奶固然与坐具没有关联，但其溅起的姿态却呈现出一个扩散的形态，而且由于力的作用，其溅起的瞬间，中心部位呈现出了

"空洞"的造型。"空洞"是什么？空的部位意味着具备"容纳"的能力，这和人们对坐具的功能诉求具有暗合之处。某些坐具其实质不也是一些半开放的"容纳"空间吗？写到此处，我突然对设计师的工作有了新的认识，他们明明就是一些思维缜密的侦探嘛！为了找到设计的蛛丝马迹，可谓煞费苦心！大家辛苦了！

最后总结一点：任何一件经得起推敲的设计作品的实现，都应该是感性思维和理性思维的结合，这个思考和推敲的过程至关重要，这是一个将设计想法翻译成产品的过程。不要妄想只要有好的点子就能做出好的设计。我的很多学生创意非常好，但往往做不出合格的作品，就是因为欠缺这方面的能力。

● "哥俩好"——王艳静

王艳静在陈述这个设计提案的时候，我不禁有点走神，因为那首儿时的歌谣又从记忆深处流淌出来："哥俩好，买手表，你戴戴，我戴戴，你是地主老太太……"这首奶奶唱给我的歌谣把我拉回到童年的记忆中去了。

自始至终，我都渴盼着有个哥哥或弟弟，然而在20世纪80年代的乡村，正是计划生育如火如荼进行的时候，对于"养儿防老、积谷防饥"的农村人来说，严格的计划生育政策就像一场劫难。关于这一段历史的描述可以参考作家莫言的长篇小说《蛙》。而我终究没有盼来我的弟弟，这是一件令人遗憾的事情。

但我有一个与我同龄的小叔叔，他是我父亲的堂弟，这在家族里是很近的关系。我们的整个童年几乎一直结伴而行，彼此有很深的感情。我在成年之后就再没有直呼过他的名字，而是很恭敬地以辈分相称。我最近一次回家，见到他的小儿子，这是个比我的儿子还小一岁的孩子，按辈分却是我的小兄弟，顿时觉得有时过境迁之感。

我不得不从我的思绪中走出来郑重思考这个设计的表现形式，这项设计借鉴了卡通人物形象的设计，这让我很快想到了大名鼎鼎的Mr.P。这个由泰国设计师差育·帕拉碧（Chaiyuk Plypetch）和空拉纳·桑诗里威差（Kunlanath Sornsriwichai）联手打造的卡通小人儿，已经成为家居用品设计和礼品设计界的明星人物。比如下面（图3.66）这个被命名为"害羞男孩儿"的灯具设计。赤身裸体的小男孩儿并没让人觉得伤风败俗，相反却让人顿生怜爱，就像比利时布鲁塞尔那个著名的撒尿男孩儿的雕塑一样。这个灯具男孩儿同样骄傲地将自己的小鸡鸡袒露无遗，但他其实是害羞的，不然也不会拿一个大灯罩把自己的头整个儿罩起来，只留下赤裸的身子"授人以柄"，那"中间一点"也自然成为了灯具的开关了。这个灯具设计可说是将形式与功能结合利用得恰到好处。我最近正在看王朔的小说《看上去很美》，这让我有一个强烈的感觉，这个藏在灯罩中的男孩儿就是"方枪枪"呢！于是愈发觉得这个灯具透出一种诡谲可爱的气质。

图3.66

　　Mr.P是我给学生提供的设计标杆，他给我们的启示是：设计的时候不要被事物表面的具体细节所迷惑，要善于取舍，保留有用细节并进行适度夸张，以发掘和彰显原型本身所具有的设计品质。"哥俩好"必然是两个形象，虽然是两个形象，但也应该如同卵双胞胎一样别无二致，他们没有过分的差异感；二者要着力配合去完成一件事情；而且蜡烛要很自然地加入进去，恰到好处，不显得突兀……
　　草图的设计能够基本表达出我们的设计意图（图3.67），两个人正在合力搬动什么东西，一块木板？看他们小心翼翼的架势，应该是一件很珍贵的东西。看到了，那是一个"烛台"！

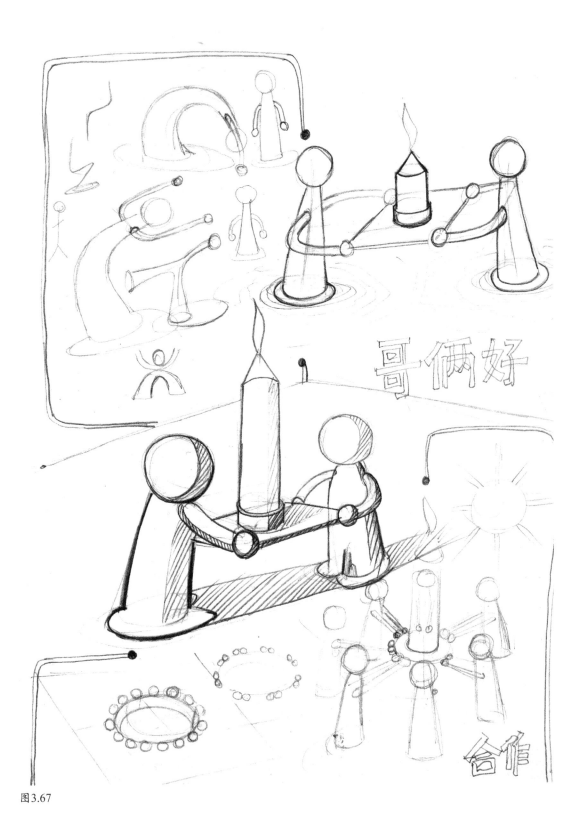

图3.67

哥俩好

合作

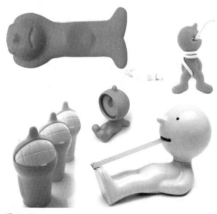

图3.68

设计小百科

　　Mr.P是享誉世界的泰国卡通人物形象，隶属于泰国著名品牌Propaganda，其设计理念是致力于将生活里所有物品注入幽默的生命。Mr.P系列是Propaganda的代表作品，这个极具存在感的小男孩儿总是以裸体造型的方式出现，天真，率性，甚至有点恶搞，给人们带来了无限的欢乐。他有的时候是台灯，有的时候是杯子，有的时候是钥匙链，甚至门挡和绕线器，总之，所有东西都爬满了他们的身影（图3.68）。他们被奉为"创意恶搞文化"之经典。

　　当然，设计还没有结束，对卡通人物的抽象成为了设计的重点。要求主要有三点：既要保证设计对象有给人稳固的形象；又要保留必要的卡通人物细节；在满足上述要求的基础上，如果能幽默点就更好了。最终的结果（图3.69）基本满足了前两点的要求，但幽默感没有体现。如果可能的话，这为我们提供了一个可以改良的空间。

图3.69

点评：

　　关于这个设计，可以从多个角度去解读，但我想着重强调的是设计师对两个充当搬运工的卡通人物形象的抽象和提炼，将生活中司空见惯的事物进行比例上的缩放可以实现意想不到的效果。这恰是一个"缩小"的设计，因为缩小，要缩出可爱的味道，拙朴的味道，设计的味道，以至于要忘记他们的原型，进入纯粹设计的领地。

　　比之于前面的"放大"细节设计，"缩小"的设计可说是它的反向思维，不过二者的作用是一样的，都是通过视觉上的"突变"来达到出其不意的效果，让初见者有一种"哟！好神奇！"的感觉。好了，不多说了，还是举一个例子吧。图3.70所示为一个小汽车造型的果盘设计。这个设计也是巧妙利用了汽车固有的"容纳"属性，将其改造为果盘也并不显得唐突。

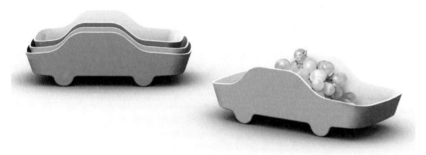

图3.70

吸烟室发玩场.

吸烟案发现场

我们家的邻居杨先生是一个胖胖的铁路工程师，他年龄比我大很多，但每次见到我必称白老师，搞得我很不好意思。有一天早上出门，见他独自一人站在楼道里，手夹香烟，若有所思。烟头上的火光还在明灭，一缕烟尘袅袅娜娜，从楼道开着的小窗里抽身而去，弥散在灰蒙蒙的天空中了……我探出半个身子和他招呼："老杨！"他抬头笑笑，眼神中闪过一丝不安："我休息一下！"他管吸烟叫休息，这对我这个非烟民来说是无法体会的。这大概是一种缓解精神疲劳的有效方法，就像我的父亲，吸烟最多的时候往往是他干重体力活儿的时候。

"家里有规定，只能在这吸……"老杨自嘲地笑了笑。

我心领神会，彼此都笑起来，他眼神中的不安已经没有了，也许随着飞升的烟尘溶到天空里去了吧。

烟民们是否都有这样的经历？无论在家里，还是在公共场合，都被设置了禁烟区。烟瘾发作又不能吸该是一件多么纠结的事情，而若执意为之，是不是有点冒天下之大不韪的嫌疑？我有一次带儿子去一家医院化验血相，等结果的时候见有病人家属在大厅吸烟，而他旁侧的柱子上赫然贴着禁止吸烟的标识，3岁的儿子满脸疑惑进而大声制止："你看，这里有个标志是'不让吸烟'的意思！"

那位烟民只好悻悻地掐掉烟，又不好发作，脸上微显尴尬："这孩子管得真多！"

这孩子的直率让我颇为欣慰。就像每次我载着儿子外出的时候，他都会在儿童座椅上督促我遵守交通规则。

当生理需求和社会公德发生冲突的时候，当然要遵守规则。不过，在"框架"之内，那些与烟共舞的勇士们，为了捍卫自己神圣不可侵犯的"休息"的权利，会演绎出怎样惊心动魄的场景呢？不要忘了，设计可是一把利器，如果你是一位设计师，该怎样去营造你的"吸烟案发现场"呢？烟民们，武装起来，与你的好伙计来一场"吸烟保卫战"吧！

● "沙漏"——张新宇

如果吸烟的时候没有烟灰缸，如果在一个没有烟灰缸的地方吸烟，如果吸烟的时候发现一个很丑陋的烟灰缸，如果……当然这不完全是一个烟灰缸的故事，烟民们都希望在自己需要的时候有一个烟灰缸"挺身而出"，但这次出现的却不是烟灰缸，他是一个装烟灰的小容器。因其小，所以可以挂到脖子上作为一个饰物，因其小，所以可以跟着主人到任何地方。按照张新宇的说法，如果好不容易找到一个可以吸烟的场所，但是没有地方掸烟灰岂不是很郁闷？对着垃圾桶么？那多煞风景！直接掸到地上么？那样多没素质！打开窗户掸到风里么？我们不保证你每次都能找到一扇便捷的窗户，而且不保证风总是朝你预想的方向吹。而有了这个小小的"沙漏"，吸烟的时候就安心多了，而且还可以作为装饰。作为装饰的本质含义是可以假装不是一个装烟灰的东西，具有很强的隐蔽性。而且，"沙漏"的外壳采用半透明的彩色塑料制成，当烟灰穿过狭窄的通道汇入底部空间的时候，它们便具备了沙子的品质和寓意。

沙漏是有寓意的，它象征着爱情，友谊和幸福，象征着时间的流逝和对过往的怀念。我想在烟灰洒落的瞬间，是否会想起身为香烟时的美好时光呢？是那如豆的缓慢推进的火光催促着烟灰坠落的，是一样屈曲着的手指奋力一弹促成了烟灰的坠落的。烟灰的坠落是无奈和悲壮的，它坠落的同时一股烟气也直上云霄，像一匹透明的白缎在挥舞，这白缎渲染出了死亡的味道，就这样把香烟的灵魂也带走了，只剩下了烟灰的残骸。

由烟灰而想到流沙，由流沙而想到时间的流逝，由时间的流逝而想到生命的消殒，由生命的消殒而想到香烟的燃烧，由香烟的燃烧而想到烟雾的缭绕，由烟雾的缭绕而想到烟灰的身世。这些概念组成了一个圈，一个"沙漏"引发了我们对时光的思考，一小撮烟灰的去往引发了我们对生命的思考，而生命在时光的照耀下等待着我们去咀嚼、消化、理解、领悟。

这个设计的最大意义在于便携，便携意味着产品可以在不确定的时间和地点被使用。所以，产品设计的重点和难点在于如何在保证功能的基础上尽量小型化。小型化的产品在使用的时候必然会带来人们使用方式的变化，所以，其本质上是一种生活方式的设计。这便愈加接近了设计的本质——引领和改变人们的生活方式。我们的设计压力也陡然增加，不知道该怎么去处理这个设计的细节。

如前所述，设计的造型来源于沙漏，有了原型，设计的开展便容易很多。而沙漏以圆形为主，我们是否有必要完全遵守沙漏的形象特征？我的建议是对沙漏造型进行抽象化，既保留了沙漏的核心造型元素，又要符合产品的定位和固有属性。至于产品的造型风格定位，主要是考虑到其使用人群以男性为主，故此以硬朗的线条和直边风格为主，同时在材质处理上以磨砂金属质感和多彩半透明塑料质感形成触觉肌理上的对比，增强产品的表现力。如此，产品也具备了更多的装饰意味。但圆形的沙漏似乎更方便收集烟灰，产品的功能和形式之间经常发生诸如此类的冲突！任何产品都是一个调和的矛盾综合体。

我们当然希望这件产品像充满"雄性美感"的Zippo打火机一样，不但代表了一件具有特定功能的产品，而且成为一种具有象征意义的产品。就像那些瑞士名表和军刀一样，其欣赏的价值已经远远大于使用价值。

✎ 设计小百科

Zippo打火机诞生于1932年的美国，它是美国人乔治·布雷斯代的杰作。他将打火机设计成方盒状，由外壳和内胆两部分组成，机盖用合页与机身相连，棉芯周围设计有风网，还能起到防风的作用。总之，这是一款"好使又好看"的打火机，这也是布雷斯代的设计初衷，而其方盒的造型从未改变，成为Zippo打火机的最典型特征（图3.71）。

图3.71

设计草图和最终效果如图3.72和3.73所示。

跟我走，去设计
Follow Me, Design

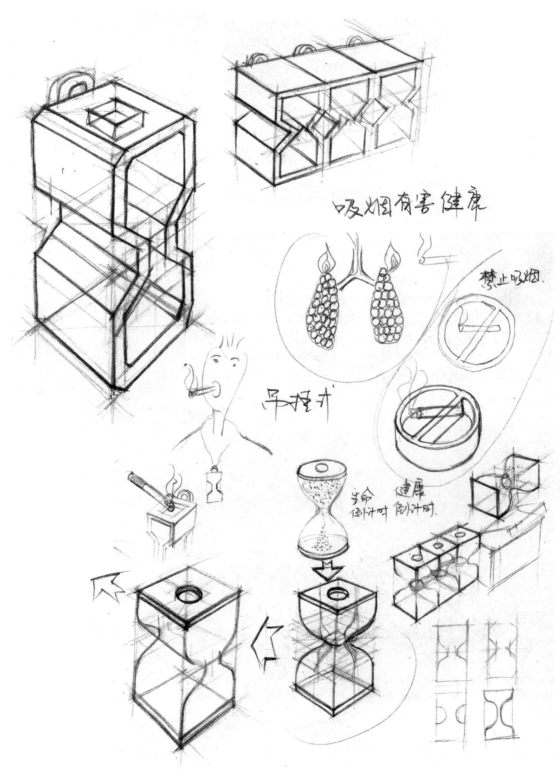

吸烟有害健康

禁止吸烟.

图3.72

94

图3.73

点评：

　　"便携"是设计的重要思路，一些产品由于贴上了便携的标签而
发生了剧变，甚至改变了人们的生活方式。电话的便携而衍生出移动
通信工具（图3.74）；电脑的便携而衍生出笔记本（图3.75）；自行
车的便携而衍生出可折叠的小型助力车（图3.76）……那么，"烟灰
缸"的便携能为我们带来什么呢？

图3.74　从老式电话到手机

图3.75　从台式电脑到笔记本电脑

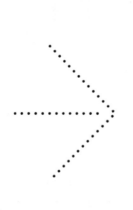

图3.76　从传统自行车到可折叠便携式自行车

● "烟盒的秘密"——孙玉洁

"如何让弹烟灰的过程更具故事性呢？"这是孙玉洁提出的一个问题。"我们能不能在使用产品的过程中充满着惊喜？"我对这个问题同样充满了兴趣。"我们能不能和产品进行平等的交流？"以及"产品该用一种什么方式来表达它的想法？"这些问题的提出让我们的思考越来越深入，设计的概念也越来越接近这个设计的本质。

在这里，烟盒不应该只是一个被动的设计对象，一个被表达的产品，它也应该具备自己的表达能力，有自己的语言。这种语言可能是无声的，但也会直达人心。

这是一个很抽象的概念，我一时不知道该怎么对这个概念进行深入地挖掘。曾经在网络上看到过一个广告创意：设计师在街道一侧准备好颜料，让行人的鞋底附着颜料后从一侧随机走到另一侧，就会把脚印留到事先铺设到路中央的画布上，从而形成一幅颇具创意的图案。

那个广告的一个关键点是，行人事先并不知道将要发生什么，设计的结果对于这些实际的"创作者"来说是一个秘密。

烟盒能有什么秘密呢？我们有充足的理由相信，一个会讲故事，会不断制造惊喜，会跟人交流的烟盒，一定还会有另外一个身份！这个身份秘而不宣，等着你去发现……

与此同时，在设计之外，一场吸烟与反吸烟的争论甚嚣尘上。先是政府相关部门出台公共场合全面禁烟的法律规定，然后是影视剧中拟禁播违规吸烟镜头，再然后是对烟盒上"吸烟有害健康"的文字提示大加挞伐：吸烟者对此视而不见因为它起不到警示的作用，反烟者对此深恶痛绝同样因为它起不到警示的作用。所以有禁烟人士大声疾呼：让烟盒警示标志来得更猛烈些吧！难道我们也去搞一些变质的肺部、骇人的骷髅、漆黑的牙齿来作为警示图标印到烟盒上吗？这也未免太"视觉暴力"了吧？我想还是让烟盒自己去解决这个问题吧！一个会说话的烟盒知道怎样表达自己。于是，烟盒有了另外一个身份或者角色，可称为禁烟宣传者或"禁烟大使"之类。总之，它会突然制造出各种各样警示的标识出来，这些标识形式不同却异曲同工，但绝不像"吸烟有害健康"那么苍白无力。当然，一个真正的宣传高手并不是一个热衷喧哗者，他总是很平静，不露声色，却在关键的刹那纵身一跃或高喝一声，高屋建瓴，振聋发聩，让人永难忘怀。我们的烟盒"禁烟大使"就要做到

这一点。

试想，当一个吸烟者"若无其事"地将烟灰弹到预先准备好的"容器"里，"若无其事"地喷云吐雾，继而"若无其事"地高谈阔论，丝毫意识不到吸烟这个行为本身会对自身和他人造成潜在的危害。这个时候，他的"容器"满了，他极不情愿地去处理烟灰，却赫然发现烟灰中显出了一个骷髅头的图案。由于是突然出现，我们的吸烟者竟受到了惊吓，他的心脏瞬间狂跳，脸部轻微抽搐，一口唾沫被重重咽下，喉咙里咯噔响了一下……你一定猜到了，这个骷髅头肯定是被预置到"容器"里的"定时炸弹"，就像那些令人"心惊肉跳"的"整蛊玩具"一样，出其不意攻其无备，让人防不胜防。这种设计绝非整蛊，而是通过这样一种深具交互效果的方式力图使我们的产品起到警醒和教育作用。

设计师想把这个创意应用于烟盒之上，借鉴双面胶的原理，将一层一层的带胶的纸用来承载烟灰，我们的图案设计就预置到这些胶纸当中，只是图案的部分没有黏性。当烟灰布满整张黏性纸的时候，图案就会因为没有黏性不能沾染烟灰而显露出来。当然，图案设计并不仅限于骷髅头，还可以有其他警示语和标识，每一张纸上的图案都不相同才更有趣味。设计草图如图3.77所示。

如此，我们的烟灰盒"禁烟大使"以一种"静默执法"的方式将"吸烟有害健康"的警报拉响在每一个吸烟者瞬间惊悚的感觉里。这个过程的实现也非常值得玩味。不过，当你熟悉了烟灰盒的秘密后，害怕感觉可能会演变为期待：下一个图案会是什么呢？无论如何，我们的目的都达到了，那就是"让我们弹烟灰的过程充满了故事性！"

其实，直到这个设计成型后，我还是不太确定使用者们能否如我们所料，用烟灰"绘制"出期待中的图案。我想这个设计的合理性还有待商榷，但对于这个设计创意的提出者孙玉洁来说，这个思路非常具有前瞻性，值得鼓励。

最终效果图如图3.78所示。

点评：

人与产品的"交互性"是设计发展的一个趋势，本设计将弹烟灰的过程进行了再设计，通过行为过程中逐渐呈现的图案使产品与使用者之间产生了交流的可能性。

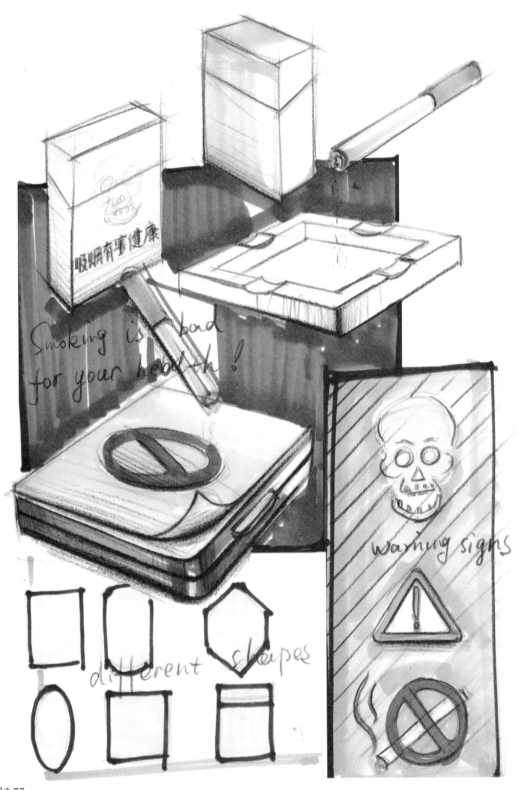

图3.77

图3.78

> ### ✔ 设计小百科
>
> 交互设计是一门关注交互体验的学科，它在20世纪80年代由IDEO的创始人比尔·莫格里奇提出。交互设计通过产品的界面设计与使用者的行为之间建立联系，它关注产品的使用行为和产品与用户的关系，探索产品与人之间的对话方式，以此来建立产品的目标模型。

如图3.79所示，我们的日常行为中就包含了很多交互的现象，如我们向水中抛掷石块的时候，水面溅起水花的位置和大小告诉了我们抛掷时的力度和角度、方向等信息。在这里，人通过抛掷石块这种行为与水面建立了联系，人的抛掷行为是这个交互过程的信息输入过程，是主动行为，而水花的溅起是这个交互过程的信息反馈，是被动行为。试想，如果水面对人的这种行为没有反馈，即水面与人之间没有交互，则我们就会对自己的动作产生怀疑，不知道下一步该怎么做，产生认知障碍。

图3.79　这是人与自然的简单交互：向水中抛掷石块后，会溅起水花

但真正将交互设计推到社会前台的则是电子产品的飞速发展导致的使用方式的变革。以手机设计为例，现在已经完全进入了非物质设计时代，以交互设计为基础的软件界面设计不断更新着人们的使用体验。这里面的先行者当属大家熟悉的iPhone手机了（图3.80）。iPhone手机符合人类操作习惯的交互界面设计带来了手机操控方式的革命，交互设计已经成为现阶段设计界最炙手可热的设计工作之一。资深"果粉"们自然会对苹果手机当年大无畏地推出大屏全触摸式操控界面印象深刻，其界面的操控行为完全基于人们所熟悉的行为习惯，所以我们使用起来并没有障碍。总之，这是一场伟大的变革。时至今日，这已成为主流手机的配置模式，且掀起了一轮关于用户体验设计的竞争狂潮，交互设计也成为设计领域关注的焦点。一些有远见卓识的高校开始开设与交互设计相关的课程，甚至设置交互设计研究所，培养该方向的研究生，如清华大学、湖南大学、浙江大学等。

图3.80

站住，不许动！

站住，不许动

我有一个很大的书橱，书橱有两扇对开的门。因为它的漆黑的颜色，也因为两扇漆黑的门，总让这个书橱带着浓浓的神秘感。这种神秘感首先吸引住了我的儿子，我有多少次看到他偷偷打开书橱漆黑的门朝里张望，然后轻轻关上门做出若无其事的样子。我不知道他会对里面的什么东西感兴趣，因为这里压根就没有藏着他的玩具朋友，他的书统统被集中到了一个大纸箱子里。然后有一天他把妈妈给他制作的认字卡片用胶带小心翼翼地贴到了书橱的门上，那是些"上中下东西南北"之类的简单汉字，他自豪地询问我："爸爸你看漂亮吗？我把你的书橱弄得这么漂亮！"他自问自答后便去忙他自己的事情，一会儿便过来探视一番，发一通"书橱真漂亮"的感慨。我惊叹于这孩子如此细致的心思和对大人世界锲而不舍的探究，就像我小时候总想把自己的玩具放到爸爸的工具箱里，还总想拥有一个相同的工具箱一样。不过这还不是高潮，直到有一天儿子提出想要一个"和爸爸的书柜一样漂亮"的书柜的时候，我才真正明白孩子的意图，"你看我也有这么多书"，他的理由让我们无法拒绝。

于是我们都有了自己的书橱。我的书橱里有很多的书，儿子的书橱里也有不少的书，我的书是按照书的内容分为若干部落的：它们是文学部落，设计部落，书法部落……儿子的书是按照高矮胖瘦分成若干班级的：有小班，中班，大班……我的部落在不断扩充，有些已经超员了，比如设计部落，几乎每隔一段时间都会有新成员加入。儿子的班级也在不断扩招，而且级别也越来越高，最初的小画片已经没有了，增加了少儿英语教材，儿童版《十万个为什么》等。我每次收拾书架都会头疼，儿子每次都不愿意亲自收拾书架。面对东倒西歪的书籍，我们越来越没有耐心，尤其一些很薄的书，从来都是扶不起的阿斗，一不留神就会"哧溜"滑下来，成了仰躺的姿势，就像我们经常见到的撒泼的小孩子，泥鳅一样让大人抓不住。这时我真想轻喝一声：站住，不许动！

但这时能够管住书籍的，不是我的那声轻喝，而是书立们。他们就像部队里的教官，有办法去调教那些不守规矩的新兵们……

● "随心"书立——李洋

李洋是一个对家具设计情有独钟的女生，她在设计过程中表现出来的对家具的热爱让她始终能够保持一个标准设计师的激情。后来她以高分考取了南方一所著名大学的家具设计研究生，我从心底恭喜她能够找到自己喜欢的研究方向。

她的性格率性，随意，不喜欢过多的拘束，即便上课，也很放松，不时和你插科打诨，犹如邻家妹妹一般的可爱。是啊，我已经是一个有着多年经验的"老教师"了，每每跟人介绍自己，我都会给自己贴上一个"老"的标签，并且固执地认为这样可以免除外人对自己怀有诸如"初出茅庐，不可信任"等的负面情愫。我想，把自己的学生视为弟弟妹妹总不会有什么坏处的，这样我们沟通起来可以更加顺畅和亲切，唯一负面的效果就是他们竟公然跟我就作业量和交作业时间等重大问题讨价还价，李洋便是这样一个学生。

书立的设计给了她表现家具设计的机会。按照她的意图，这个设计必须得是随意组合，能够适应书籍放置的不同状态。材料当然是木材了，而且得用木制家具中才会用到的榫卯结构，争取不用一根钉子，整个设计看起来会比较平易近人，温和，低调，很耐用。我感觉她在如同"寻宝"一般思虑周到而细致，而且言行一致，执行能力很强，没用很长时间就把草图摆在了我的面前（图3.81）。

毫无疑问这是一个模块化的设计，一个满是圆孔的底板，两个能与底板榫接的隔板，一把数量不定的圆杆用来插入底板上的圆孔里作为隔断。一览无余，简练，易于操作。这个设计没有华丽的外衣，像所用到的木材一样，天然而不矫饰（图3.82）。

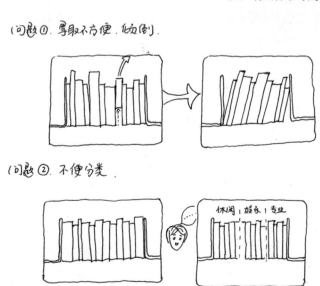

图3.81

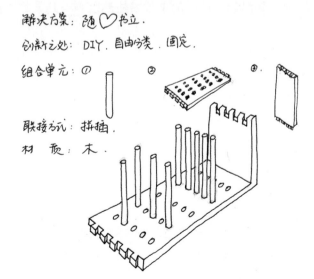

图3.82

点评：

　　"模块化"设计是产品设计中应用较为广泛的思路之一，通过这种思路，设计能够以不变应万变，通过模块的不同组合演绎出种类繁多的产品。

　　个人认为，由丹麦的奥勒·基奥克（Ole Kirk）发明的乐高积木（图3.83）完美地诠释了模块化设计的精髓。对于那些期盼生活时刻处在变化中的孩子们来说，这样的玩具设计在某种意义上，满足了他们创造世界的伟大理想。

图3.83

图3.84

设计小百科

模块化设计是一种可以简化设计程序，缩短产品研发周期的方法。它源于机械化生产过程中对于标准化、批量化、系列化的要求，通过将产品的零部件进行通用性的设计，达到互换的目的。模块化设计已经成为工业设计专业中很重要的设计方法。通过模块化设计，不仅可以节约成本，缩短设计时间，还能增加产品的可靠性。

模块化设计的例子还有很多，比如图3.84所示的书架设计，则是由相同的模块拼接而成的。而根据不同的使用环境和使用者的个人喜好，可以通过变换模块的排列方式从而衍生出不同的设计作品。这便是模块化设计的魅力所在。

● "四分之三圆"——林琳

林琳是另一种类型的学生，低调，不事张扬，凡事有自己的主张，拥有笃定的眼神和从容的姿态，这样一个学生会让你相信她会毫无遗漏地吸纳你所教授的所有知识，甚至还会攫取你没有讲出来的东西，然后你会惊叹于她对知识的索求能力和吸收能力。面对她，你会莫名联想到一场春雨后突然窜高的麦苗，仅仅是一瞬间，由茅草一样的形态抽枝散叶挺立起来，耳边似乎还能听到拔节的"簌簌"声。

我对这样的学生怀有敬意，甚至有一点骄傲，事实上，没有哪一位教师不希望自己的学生在专业上能学有所成，甚至超越自己。林琳的思维并没有被现有的产品形态所束缚，而是从另外的角度入手，用了一种绑缚的方式，固定住书籍的4个角，保证了书籍立而不倒的效果。其实，她并不确信自己的这个方案能得到我的通过（草图设计如图3.85所示），我感觉到她在阐述方案的时候用了很多不确定的语汇和含糊的态度，这让我有一种莫名其妙的优越感，仿佛自己是法官一样可以掌握终极审判的权利，宣判的刹那所有的目光都聚焦在你身上，甚至会产生被目光灼痛的感觉。

由此，我想起大学时的一位专业老师。他是美术学院毕业，有着多年的设计经验，并不漂亮的脸膛上总是荡漾着微笑。我之所以用"荡漾"来形容，是感觉那"笑"时而出现，倏忽又消失，仿佛水面上的波纹一样。这在他当时的学生们看来，就有了神秘的味道，谁也拿不准他在想什么，因为拿不准，就总有点不踏实，因为不踏实，就更加害怕他的微笑，尤其在听他点评设计的时候，如同被审判的犯人一样有点惶惑！我当然没有那样的气质，且在点评学生设计时采取了一种宽容的态度，这让学生们稍显轻松。我认为任何设计都有存在的理由，只不过设计受众有所不同罢了；任何设计的想法都可以被引导、被修正，被演绎成为一个合格的作品，关键在于如何去完成这个设计的过程。我的学生们从来不缺乏优秀的想法，只不过他们对设计流程的把握以及设计表达的能力还需加强。

林琳还没有来得及担心，我就对这个想法给予了肯定。我似乎感觉到她舒了一口气，因为在她脸上，漾起一层浅浅的微笑……当然，对设计想法的肯定并不意味着对整个设计方案的肯定，这离设计的最终效果还差很远，尚有很多设计的细节需要分析。

下面便是分析的过程。

首先，这个产品的定位是什么？普通意义上的书立吗？不全是。还是用来固定书籍以方便运输的附带产品？也不尽然，不过这

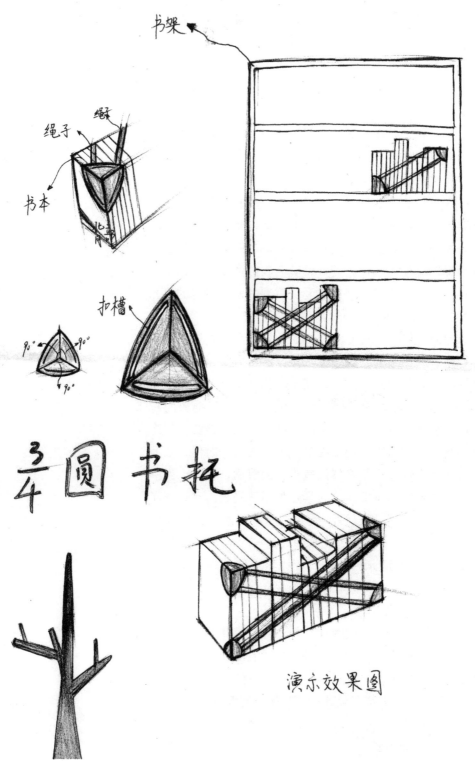

书架

绳子
橛
书本
北部

扣槽

90° 90°
90°

$\frac{3}{4}$圆书托

演示效果图

图3.85

108

个功能可以有。这便产生了功能上的分化，这两种功能对产品固定方式的要求是不一样的。为了满足前者，要保证取放书籍的时候方便操作，所以绳索不能固定到书籍面向使用者的一面；而为了满足后者，绳索应该对整捆的书籍起到绑缚的作用，其"四分之三圆"包角的位置最好不要设定到书捆的同一个立面上。如果能兼有这两种功能是最好的，于是产品便成为了一个多功能的设计。想来这个目的是可以达到的，因为"四分之三圆"的取放非常简单，且绳索带有弹性，可以有针对性地对产品的"格局"进行调节，满足一物多用。

其次，既然不同于普通的书立产品，那它对使用场所的要求有何不同？当然，与普通书立一样，放到书架里是没有问题的，更有利的是，它还可以直接把书籍"五花大绑"后放到桌面上，而不用其他的物品进行支撑，从而可以节省空间。

当然，这个产品肯定会有不尽如人意的地方，比如相较于普通意义上的书立，其操作上要繁琐很多，并由此带来一些功能上的不确定性。在这一点上，我们必须要承认，我们没有做出一个实际的样品模型来进行功能上的验证。所以，一些细节上的设计还有待验证和推敲。但无论如何，这个设计提供了一种新的思路，这种思路的启示意义要远远大于这件产品本身。它告诉我们，那些一成不变的东西并非不可以改变，试着换一个角度，用突破常规的方式去重新解读产品的功能，或许会有意想不到的收获。

如图3.86所示为产品的最终效果图，基本上表达清楚了我们当初的设想，并且通过变换绑缚的方式，为我们展示了不同使用功能要求下的产品状态。

点评：

在设计的时候如果能打破常规，利用比较巧妙的方式来解决问题，会给人以耳目一新的感觉。这个设计抛开了印象中"书立"的传统形象，通过绑缚包角固定书籍的方式，实现了预想的效果。我想书籍们并不介意用这种方式"被站立"，事实上，在搬运书籍的时候，这些"书立"还能起到绳索的作用呢！

在这个问题上，如果对苹果产品的进化史有所了解，就会惊奇地发现，苹果公司正是靠着一个个突破性的设计引领着人们走向一个充满着梦幻和神奇的电子产品世界。我们不说目前炙手可热的iPhone系列手机，也不说机身采用精密铝合金一体成型的超轻薄设

图3.86

计的苹果笔记本电脑。遥想20世纪90年代，在那个家庭PC机被灰白或米黄色ABS塑料，规整的方盒子造型统治的时代（图3.87），由史蒂夫·乔布斯推出的iMac系列电脑，创造性地采用流线型大弧面设计，绚丽的彩色半透塑料壳，甚至让人将显示器内部的线路结构一览无余。这无疑是一颗重磅炸弹，让人们重新认识了设计的魅力，并慎重考虑美学与消费电子产品的关系。而苹果的脚步并没有停止，直至走到今天，虽然乔布斯去世了，但"后乔布斯"时代的苹果公司，定能延续他一贯的设计理念，不断给我们制造出惊喜。

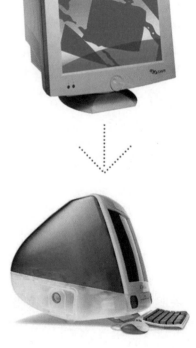

图3.87

我看那点了儿.

牙膏那点事儿

在这一章的最后一节，我选择了牙膏作为我们的设计对象。这是件很纠结的事情，因为我最近一直在盥洗室里和牙膏们纠缠不清。第一是我总想完全挤干净牙膏筒里的牙膏却发现总有一些牙膏不愿意出来，我发起的多次攻击都以失败而告终；第二是我的漱口杯底部总会累积污垢，那是一个圆底高筒的容器，上大下小，我的手指刚好触不到筒的底部，所以总是没办法清理干净；第三个矛盾是我觉得牙刷长时间处于潮湿封闭的盥洗室里极容易滋生细菌，这些细菌会间接影响到牙齿健康，我迫切需要一个易于干燥消毒的产品为我的牙刷服务。

我想把我的苦恼告诉我的学生，请他们帮我想想办法：怎样才能有效缓解我的"盥洗室烦躁症"？要知道我一天要多次出入这个狭小的空间，我甚至不想去刷牙，这是很危险的想法。我有时会表现得很固执，当我感觉对现状无力改变的时候，就会选择放弃……

当我这样想时，那支很干瘪但仍有牙膏的牙膏筒就被我扔到了垃圾桶里，我听到一声闷响，是牙膏筒在沉闷地呐喊："没挤完呢！没挤完呢！"我不禁郁闷地想：我何尝不想挤完呢。何必呢，你选择毫无意义的坚持，我只好将这坚持连同牙膏筒一同放弃。

我当然不能像扔牙膏筒一样将漱口杯也扔掉，我像一个命运主宰者一样，带着骄傲的微笑拿起漱口杯细细把玩着，我知道只要我轻扬手臂，它们俩就会沿着美丽的弧线飞向他致命的终点……让他的惊悚再飞一会吧，我想，然后才用一根筷子裹着手绢把筒底的污垢全部清理干净了。

对牙刷我没有很好的办法，只能用流水细细冲洗，这是我每次刷牙之前都要反复进行的工作，以至于形成轻微的强迫症。

我不知道别人是否也有跟我一样的遭遇，生活中的一些不如意如同夏日里挥之不去的蚊蝇一样让人无可奈何。我想让家里的任何物品使用起来都熨帖舒服，不要让我有额外的负担，我想给家里所有的用具来一场声势浩大的"易用性教育"！

那就先从盥洗室开始，先把牙膏那点事儿解决掉再说吧……

● "可压缩的牙膏盒"——李想

如预想的一样，当这个设计主题确定之后，那个多事儿的牙膏筒就成为了众矢之的。而我与牙膏筒的"恩怨"也被曝光。于是，大家都想通过自己的设计构思去化解这个矛盾。同时，我的"遭遇"也在很大程度上与大家产生了共鸣，那个固执的牙膏筒成了我们共同的敌人。这个时候设计变成了一把利剑，我在课堂上分明看到了明晃晃的一片刀光剑影，屋子里沸腾着将士们出征前才有的那种激昂的斗志和必胜的信念。我知道这是我预先给他们设定了假想敌的结果。相比于其他主题，牙膏筒成为了我主动发起的"设计斗争"中的牺牲者，我甚至对它产生了敬意和些微的怜悯！

我能感觉到牙膏筒作为一个"敌人"的躁动不安，他身体的每一部分都被那些探寻的眼睛和想法翻腾了个遍，连毛孔都没有放过。我想一个除旧布新的时代来临了，开始有人挥舞手臂，笔尖们在纸上沙沙地奔跑，教室里有一个个渴望被表达的想法在出口跃跃欲试。我只得走向这手臂的丛林中，这沙沙的呐喊声中，像一名指挥若定的将军一样……

我很快便发现大家的想法有很多重叠——相互之间的重叠以及与现有创意产品之间的重叠。比如在牙膏筒的尾端开一个口，可以像撕食品包装一样撕开的样子（图3.88）。牙膏用到最后，即便很用心地想要挤干净，总会有一些残留在牙膏筒上。此时，我们可以将牙膏筒的尾部撕开，再进行一次彻底的大清理。

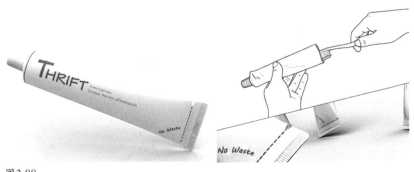
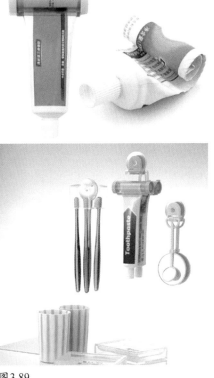

图3.88

再比如一个叫做牙膏伴侣的挤牙膏器（图3.89）。这个产品已经在淘宝上出售，通过一个巧妙的小结构将挤牙膏的动作进行了再设计。只是这个动作并没有从根本上解决我的问题，还是会有一些牙膏在牙膏筒的肩部集结。

当然还会有一些专门设计用来挤牙膏的器具，似乎都有点设计过度的嫌疑，这里不再举例。而我更倾向于在不增加额外负担的前提下，利用牙膏筒本身的改变来解决问题，就像那个尾端开口的牙膏筒设计一样。

图3.89

李想将设计的重点放在了挤牙膏的动作上，有别于我们都熟悉的通过手指"挤压"牙膏筒的方式。她试图通过推送牙膏筒的底部而对牙膏进行整体挤压。这有点类似于用针筒推药的动作，但并不是一个针筒的设计，而是一个可折叠的牙膏筒设计（图3.90）。

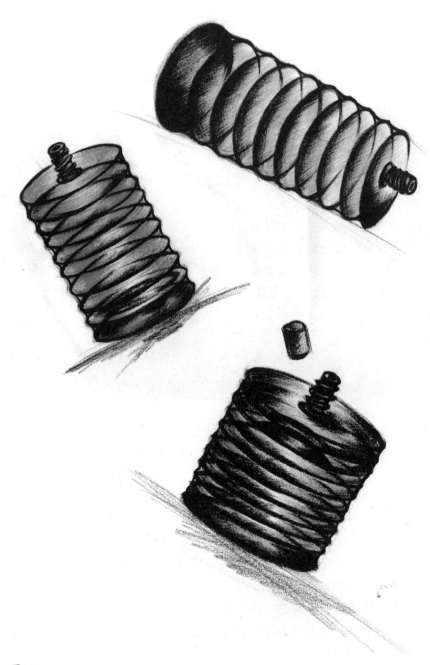

图3.90

　　这个想法正好契合我的原意。其实，从这个设计的根本上来说，这是一个牙膏包装的再设计，牙套筒承载了功能性包装和保护性包装的双重作用。

　　通过改变包装的样式改变了包装的使用方式，"可压缩的牙膏盒"提出了另一种可能。压缩的方式能让我们实时观察到牙膏的使用状态，更重要的是，由于牙膏筒的肩部是平的，当牙膏用完后所有折叠层都紧贴到一起变成一摞薄片的时候，估计就不会有牙膏漏网了。

　　最后的结果就是这样（图3.91），我们最终取得了对牙膏筒"作战"的胜利，牙膏筒的弱点被我们一一发现并各个击破。我的学生们设计了几十款方案，切入点各个不同，但限于本书的篇幅和写作思路，我只挑选了这一款方案以飨读者。

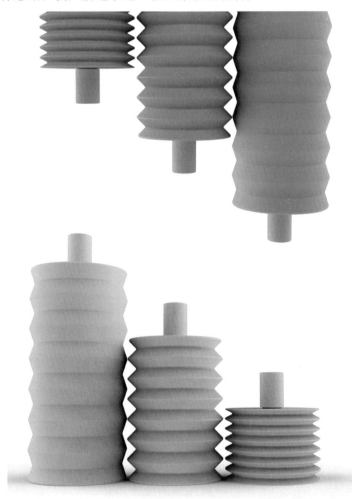

图3.91

点评：

"带着问题出发"去演绎一个设计过程似乎带有更强的目的性。这样做的优势在于目标明确，设计想法会更集中更有针对性而无旁骛，缺点在于过早地对设计思维进行方向性的限定不利于思路的发散。但无论如何，"提出问题—分析问题—解决问题"的设计思路都是一个相当重要的方法。而作为一名合格的设计师，应该具备"带着镣铐跳舞"的能力和素养。

问题从哪里来？我在教学的过程中一直强调要热爱生活，要关注生活当中方方面面的细节，要用心体会每一件产品的使用状态，找出不合理的地方，并以此作为设计的出发点，力求通过设计解决这些问题。这些虽然都是生活中的细枝末节，但都是极具设计价值的问题，因为只要我们设计得当，就会改变人们的生活方式，为生活添彩。

不信的话，就去翻翻那些"红点奖"的得奖作品，里面有很多设计只是对我们司空见惯的物品进行了细微的改变，结果解决了我们生活中的切身问题。

如图3.92所示，这款设计的重点在于瓶盖，与常规圆形瓶盖不同的是，设计师将瓶盖设计成了方形，这样，使用者在拧瓶盖的过程中就会更省力。相信我们都有过这样的经历，当手心有汗水的时候，往往拧开一个很紧的瓶盖会耗费很大的力气。当然，这也是那些力气小的人（如女性、儿童、老人等）的福音，有了这个设计，就不用每次都"求人"了。

图3.92

图3.93

设计小百科

"红点奖"是国际公认的全球工业设计顶级奖项，与德国"IF奖"、美国"IDEA奖"并称为世界三大设计奖。"红点奖"由德国著名设计协会Design Zentrum Nordrhein Westfalen创立，至今已有超过50年的历史。"红点奖"包括红点产品设计奖、红点传达设计奖和红点概念设计奖三个类别。其中，红点概念设计奖的评选重点在于产品成型前的设计创意阶段，并致力于成为未来设计方向和潮流的晴雨表。

再看一看如图3.93所示的线轴设计。对于经常做针线活儿的人们来说，对眼神儿的要求可是最高的，如果得了远视眼（花眼），那穿针引线可是大受影响。这款线轴的设计紧紧抓住人们的这个设计诉求点，通过结合放大镜的功能巧妙地解决了这个问题。

● "亲子牙膏"——张弛

有一段时间，儿子喜欢上了刷牙。他喜欢上刷牙不是因为他想要保护牙齿，而是因为大人们的刷牙活动吸引了他，也不是光因为大人们刷牙活动的吸引，而是因为他喜欢牙膏的味道，也不是光因为喜欢牙膏的味道，还因为他有一柄小熊造型的小牙刷。

孩子们总是喜欢模仿大人的角色，喜欢在大人们的活动中"搀和"一下。这种搀和的意识让他们学会了很多东西，也由此带来了很多麻烦和潜在的危险。这个情境就像一头初学捕猎的小猫，因为追捕一只蝴蝶而撞翻了"供奉"着仙人掌的花盆。由此，作为一名合格的监护人，应该随时关注着孩子们的动向，避免危险的发生，而作为一名监护人兼设计师，更觉责任重大。因为我们很多设计不当的产品，往往就是戕害孩子的元凶。如图3.94所示，两个不同方案的儿童家具设计。左侧方案尖锐的棱角深具攻击性，显然会对孩子的安全构成威胁；而右侧的方案经过对该细节进行圆角处理，其保护效果要好得多。这是一个简单的例子，但所反映的问题却是一个普遍存在的严肃的设计问题，提醒广大设计师在进行特殊产品设计（如儿童产品）的时候，一定要符合目标人群的行为心理习惯，符合相关标准的规定。

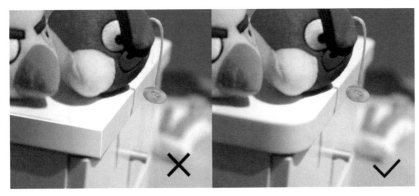

图3.94

张弛的牙膏管设计颇具匠心，不仅抓住了那些爱模仿大人的小孩子的心理，还能一筒两用，在一定程度上节省了空间（图3.95）。我想如果我有这样一支牙膏，我的儿子肯定要跟我争抢着挤牙膏，他肯定会预先跑到盥洗室里，嘴里嚷着："排队！排队！"我也肯定乐于跟他去争抢，以此激发他对于刷牙的兴趣，从而通过刷牙保护他的牙齿。正如这个设计的名称"亲子牙膏"一样，这是一个鼓励父母与孩子共同参与来完成刷牙活动的产品。因为有了参与性，产品便不单单是具有特定功能的物品，而是一个亲子交流的媒介和桥梁，这就拓展了产品原本的属性，具有了更多意味和想象的空间。

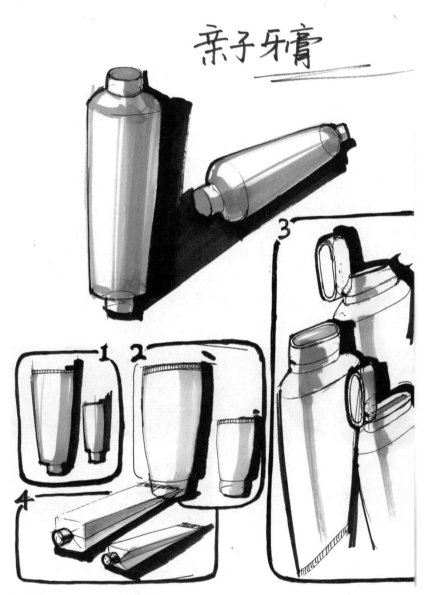

图3.95

　　仔细观察就会发现，"亲子牙膏"的两个出口是不同粗细的，大人用口粗的一端，孩子用口细的一端，从而保证大人和孩子都能挤出自己需要的牙膏量而不至于造成浪费。

　　不过这个设计有一个很重要的前提，即孩子多大才能使用成人牙膏？为此我咨询了一个当医生的同学。他说有专门含氟量低的儿童牙膏供其使用，孩子长大到10岁以上时可以慢慢过渡到使用成人牙膏。由此看来，这样的"亲子牙膏"设计是有使用限制的。一个有特定功能的设计应该明确其受众人群的范围，不然就会成为无源之水，无本之木，失去了设计本来的意义。

无论如何，这个设计的出发点很好，设计师能够站在至诚至善的人性角度去考虑问题是我们这个社会的福祉。一个社会文明的程度不仅仅体现在高度发达的社会经济文化发展方面，而更应该体现在社会对弱势群体的关注与帮扶制度上。老人，孕妇，残障人士等都应该得到更多照顾。无论是通用设计、全民设计，还是无障碍设计，都将设计的触角延伸到了这片神圣的设计领域，这其中当然不仅包括产品设计，建筑和环境设计更应该考虑到弱势群体的居住和出行的便利性。不过要在全社会范围内形成一种持续良好的对弱势群体尊重的公众意识仍需时日，君不见那些人行便道上的"盲道"设计纷纷成了城市的点缀吗（图3.96）？

图3.96

总之，一个成熟的设计师要使自己的产品逐渐褪去那些哗众取宠而又浪费社会资源的华美外衣，使其散发出诚实、直达受众内心的设计力量。如果设计受众是一些特殊群体，设计师应该为他们提供这样的产品：最朴素的造型、最诚实的功能、最便捷的操控以及最直接的体验。好吧，"亲子牙膏"的最终效果如图3.97所示。

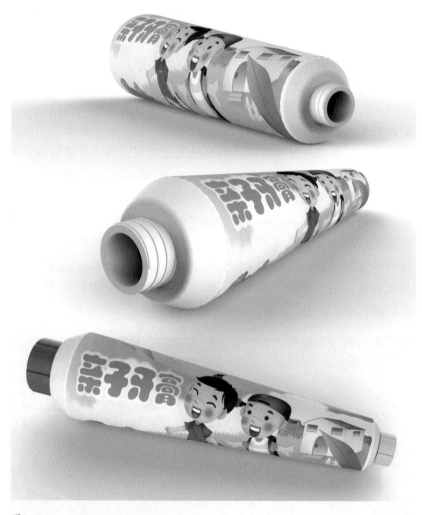

图3.97

> ### 设计小百科
>
> 　　通用设计致力于将设计的适用范围尽可能面向所有的使用者，所有使用者既包括正常使用者，也包括"失能者"（即老人、儿童、残障者等行为能力受限者）。当然这是一个理想化状态，在实际的设计实践中，设计受众往往会受限制而不得不降低设计的要求。即便如此，一个能满足大多数人使用的产品仍能算作优秀的通用设计作品。
>
> 　　而无障碍设计则将设计对象限定在"具有生理伤残缺陷者"和"正常活动能力衰退者"方面，尤其重视残障人士和老年人的特殊需求。无障碍设计的理想状态是"无障碍"，通过对设计受众行为方式、心理需求、动作反馈等方面的分析研究，优化设计方案，清除那些可能造成使用障碍的不良设计细节，达到产品的易用性和宜人性。

点评：

"对弱势群体的关注"可以让我们的设计迸发出耀眼的人性光辉，老人，孕妇，儿童以及残障人士都可以是我们的设计对象。从一定意义上来说，为弱势群体而进行的设计比为正常人所做的设计，其社会价值要高得多。而对弱势群体的关注体现了一个设计师的职业道德和社会责任感。以儿童作为设计对象是这件作品的最大亮点，我们有专门为儿童设计的牙膏，而这件取名为"亲子牙膏"的设计将儿童产品与成人产品进行了融合。这个融合具有很重要的实际意义，它能使儿童在使用牙膏的过程中始终处于大人的看护之下，从而避免了一些意外情况的发生。当然，一些民用物品（如牙膏、自行车等）在设计之初要充分考虑到产品受众（即目标人群）的实际情况（如儿童自行车的设计要充分考虑到不同年龄段儿童的身体尺寸），否则会设计出违反自然规律的产品。

针对弱势群体进行的设计有一个广义的称呼叫做"无障碍设计"，其设计范围广泛，常见的如针对老年人的设计，针对残障人群的设计，如视障者、听障者、肢残者等。下面再举几个简单的例子对这一设计类别进行简要介绍。

如图3.98所示是一款针对老年人的手机设计，其设计的重点在于较大的触摸按键和窄小的屏幕，以及中庸低调的造型设计。为什么要设计成这样？这与老年人的认知习惯和行为特点密不可分。想想我们身边的"老年人"吧，他们对手机的需求都有什么？玩游戏？上网？看视频？统统不是！这时候，手机回归了其最原始的功能诉求，即接打电话。那么他们适应怎样的操作方式？触屏吗？不是！他们的反应能力相对年轻人来说要"迟钝"一些，所以触摸屏操作并不适合他们。因为触屏方式缺少天然的触感反馈，他们更适应机械按键按下再弹起的过程，这样会比较放心，有信赖感。这便是为什么针对老年人的产品都会比较"回归原始"的原因。接下来说说造型风格，不断更新变换的流行风格似乎很难在他们的内心掀起波澜，他们固守着自己最熟悉的记忆中的影像，比如"燕舞"牌收录机，或者"熊猫"牌黑白电视机，或是一辆"永久"牌自行车。除了记忆，还有他们的心态，翻阅过人生这部大书，浮华、喧嚣、得失，统统如过眼烟云，消弭不见，时间替他们过滤掉了一切不属于生命本真的东西，只剩下纯粹的人生。这夹杂了回忆之醇厚和人生之淡然的心理状态需要一个怎样的产品去承载呢？也一定得

图3.98

是纯粹、低调、不事张扬的风格才能诠释吧？所以，这一类的手机没有炫酷的功能和华丽的造型，取而代之的是大气简约、精于细节的设计。

不如再举一个例子吧，图3.99也是手机，是针对盲人设计的手机。该设计充分利用了盲文的摸读功能，结合盲人的行为特点和认知特点进行设计。我不想再对这个设计进行深入地解读了，相信大家对关注弱势群体的设计已经有了清晰认识。那么，我的目的就达到了。

写到这里，第三章的内容终于接近尾声了。事实上，写到中间的时候我有一种想放弃的感觉。设计的知识复杂且无序，有时很难用语言去描述。但我坚持到了最后，不由长出一口气，写最后一个例子时已经没有了写第一个例子时的幽默与洒脱，口气也由亲切、商量转而为古板、教科书式。我生怕将此书写成正经严肃的设计教科书，那样行文内容必得符合定义与国家标准，否则一不留神就会被扣上一个不专业的帽子。相反，我倒乐得以一个业余设计师的角度去打量我们周围的设计，放下身段，去做一些下里巴人的事情，"走到产品群众中去"，跟产品们对对话，逗弄一下，了解一下他们生活的真实状态。其实，我所写的都是我跟产品、跟我的学生对话的过程，这是最有意思的部分，自己的分析和延伸阅读反倒增加了内容本身的学究气、书匠气，是减分的。

总之，这书中最核心的部分已经完成了，每一个例子的选择都是经过了慎重考虑，代表了一种设计的思路和方法。尽管这些例子并不见得是学生中最优秀的作业，但却是最适合的作业。而需要指出的是，由于这些作业完成于较早的时期，大部分在2010年之前，所以后面难免出现类似概念的设计，有了撞车的嫌疑，恳望大家宽容与理解。

图3.99

04 看设计

请把眼睛眯起来

现在的网络实在是太发达，铺天盖地的信息让人无处躲藏，更不可思议的是，这些信息都不是你主动去获取的，而是争先恐后地一一呈现在你的眼前，让你无法回避。这种主动"推送"信息的方式使我渐渐养成了一个习惯，每天打开电脑后，无论是在学习还是工作之前，都会花一部分时间来浏览这些信息。实际上我经常没办法控制时间，网络就像一个贪得无厌的怪兽，会把我的时间全部吃掉。看电视的习惯也逐渐被我放弃了，因为网络上可搜罗到你想看到的任何新闻和重大事件，以至于每天都会有一段时间牺牲在那些无孔不入的八卦新闻上，我还安慰自己说"非八卦，不设计"！是啊，那些"八卦"向我们展示了社会中不易被看到和触及的角落，那里散布着一些极具生命力和代表性的身体碎片。这些碎片往往会成为一个设计师进行创意设计的优良素材。好吧，我承认我在以一个设计师的职业需求来为自己的行为开脱……

不过有一天我实在无法忍受这些不请自来的信息的骚扰，就着手关闭所有网络通信软件，诸如QQ，Skype，微信等，并制作了一个全新的桌面，上面用大号黑体字写上——好好工作，天天向上！但我还是忍不住打开邮箱去查看邮件，却发现我的那些订阅邮件又一一列队等我检阅。那些标题的确很诱人，诸如"蹦床桥让你蹦蹦跳跳玩着过桥"，诸如"防弹材料打造永不磨破的袜子"，诸如"万圣节黑暗中发绿光的玫瑰花"……实在抵不住这些诱惑。

这些设计资讯，这是设计师们的福利，感谢那些网罗设计的博客们，感谢基于共享理念的"简易信息聚合技术"（Really Simple Syndication），当然，最重要的是感谢那些孜孜不倦让创意之水灌溉人类生活的设计师们。是他们的奇思妙想让这个世界变得五彩斑斓，每一天都像一个缤纷的节日，每一天都能享受灿烂的阳光。我情不自禁地眯起眼睛，我要细细品赏设计师们为我呈上的视觉饕餮，让我的目光变成一隙扫描仪的光，一帧一帧，看个仔细。

设计存在即合理

海量的设计难免让我们眼花缭乱，不同设计定位和创意导向的作品有时候很难博取所有人赞赏的目光。这是必然的，设计应该有所侧重，而在琳琅满目的创意商城里，每个人都能找到自己的最爱。这是一个多元的时代，孕育了多元的生活状态，多元的生活状态催生了多元的个性化需求，对个性化的尊重和追求让设计师们越来越远离教科书上对工业设计的刻板定义。斯堪的纳维亚的冷硬风正徐徐吹来，波普也重新找到了得以生长发育的氛围，现代与后现代结成了亲密的兄弟，工艺美术也时时攀附到机器上宣示着"分久必合合久必分"的历史寓言，形式和功能也不再为排位的问题而争得面红耳赤，"形式追随体验"，"形式追随感觉"，"形式追随艺术"，"形式追随环境"，各种声音此起彼伏，仿佛一场透雨后遍地的蛙鸣。恰在此时，一只伟大的青蛙发出了"形式追随激情"的呐喊，这后来成为著名的青蛙设计公司（Frog Design）的设计哲学，也成为后现代主义轻松幽默的特征标签。而耐人寻味的是，青蛙设计正是根植于以理性著称，曾因包豪斯而名扬设计界，被誉为现代设计发源地的德国设计中。青蛙设计让人们认识到了另一面的德国设计，欢快、幽默而不刻板，这些后现代语义的语汇融合进了德国传统设计的严谨和简练，展现了青蛙设计的独有魅力！关于这百花争放百鸟争鸣的壮丽图景，不知道沙利文先生作何感想，我看到了红旗招展，听到了万马奔腾，我差一点就像一位阅兵的将军一样激动起来，看那一个个走来的设计方阵是多么壮观……

> **设计小百科**
>
> 　　路易斯·沙利文是生活于19世纪中叶到20世纪初的美国的著名建筑师，是芝加哥学派的重要代表。他提出了设计界的著名理论"形式服从功能"，该设计名言影响了大批的建筑设计师、产品设计师，至今它仍在发挥着指导作用。

　　以宽容的心态来观赏设计，观赏而不是品鉴，是要尊重每一个设计，尊重每一个设计师，尊重每一个设计受众。设计没有对错，只有合适与否，因为目标人群的不同才造就了设计的呈现不同。对此我们不必苛求，在需求方面，每个人都是自己的甲方，你有无可争辩的权利和要求，那些标准化和从众的设计固然可以排着队走进千家万户，但个性化定制设计却像养尊处优的花草或宠物一样，被挑选，被恩宠，被供奉。

　　设计存在即合理。

大众和小众

　　设计生来是被消费的，消费的受众有大众和小众之分，这二者是有区别的。面向普世大众的消费品和面向高端人群的奢侈品自然不是一个类别，具有大众意味的设计和散发着个人趣味的产品也不可同日而语。

当你对满大街跑着的大众桑塔纳或者一汽夏利已经麻目的时候，突然出现一辆布加迪威龙，定能在人群中引起不小的轰动。对于这种顶级豪车，我想大多数人都只有望洋兴叹的份儿。从某种程度上来说，奢侈品只是为一小部分人服务的，但大众并不排斥奢侈品，因为那是他们梦想的一部分。大众的渴望与小众的消费之间要达到一个平衡，高昂的价格是其中一个很重要的砝码，财富的拥有量是造成消费者大众和小众之分的一条鸿沟。

而另一条看不见的隔阂则体现在消费者对消费品的认知标准不同上。近年来，二年级学生每年都要去的两个写生实习的地方是北京的798艺术区和北京DRC工业设计创意产业基地。在这两个地方，学生们可以领略到关于创意的两种不同的表现方式。798是一个艺术家聚集区，在这里，学生们会体会到各种各样的存在方式，在这里，个人理念的表达可以像野草一样疯长，每一个艺术家都存在于自己所营造的乌托邦式的瑰丽城堡里，理想与现实，过去与未来，先锋意识与传统情调，实验色彩与社会意义，在广泛的层面上不断交锋。你可以看到很多场馆门可罗雀，可他们仍旧乐此不疲，以一种超然的姿态坚守着自己的艺术尊严，而学生们则像一群挑剔的蜜蜂一样，因为花朵太多而不知道该在哪里驻足。总之，对学生们来说，这是一段快乐的体验活动，我不希望他们去刻意理解什么，那样反而亵渎了这一片圣地；而DRC的感觉却完全不同。这里其实是一个培养设计公司的孵化器，多年来，不知道有多少公司入驻，享受着政府对创意设计行业的政策支持。从标准的格子间空间布局和一脸专注的职业设计师脸上可以看出，这里是一个工厂式的标准化作业的设计园区，他们虽然也在强调创意和表达，但这种表达却受到了很多束缚，市场的，成本的，材料的，结构的，形态的，色彩的……设计师就像一个带着镣铐跳舞的舞者，要在重重限制中去展现自己优美的舞姿，既要卖力表现，又要提防脚下镣铐的羁绊，这纠结的过程就是设计师工作的真实写照。哪一件经得起市场考验的设计作品不是经过了历次否定、分析、修正之后而获得重生的呢？

或为遗世独立，清高、不轻易妥协，专注于个人表达的先锋艺术家；或为谦恭勤勉，兢兢业业游走于市场和设计之间，苦苦追索设计平衡点的工业设计师。这是我给学生们提供的一道选择题，这同时也是创意作品为小众和为大众的一道选择题。

客观说，纯粹的理性和纯粹的感性是不存在的，由此可以推理出，小众的艺术和大众的设计也没有明确的界限。每个设计师都在二者之间暂行。所谓艺术家和设计师都是社会给自己贴上的标签，我们完全可以自定义这个标签。就像图4.1所揭示的，感性的艺术和理性的设计只不过是一个问题的两个极端表现，如果在它们二者之间连线成为一条坐标轴，在这条线上定一个点，以此来给自己定位。离设计近一些还是离艺术近一些全凭个人喜好和存在的状态了。但二者却是不可截然分开的，所以不要着急给自己定义一个准确的标签，因为，也许今天经历一个艺术的黄昏，明天会迎来一个设计的黎明，反之亦然。我想大家都能明白我的意思，融合与跨界交流才是我们这个时代的主题。

图4.1 "艺术"与"设计"只在"一线之间"，这是一个坐标轴，我们都是上面位置不同的坐标点

🔘 设计小百科

798是北京乃至中国都有代表性的艺术区，又名大山子艺术区，因其位于北京朝阳区酒仙桥大山子地区而得名。798艺术区原为国营798厂等电子工业老厂区所在地，经艺术家和文化机构改造后，逐渐发展成为别具特色的画室、工作室、设计公司、特色酒吧等文化艺术机构的聚合地。如图4.2所示。

而现在很多国内的设计公司也在逐渐开拓尝试新的设计形式，他们除了主打业务商业设计之外，近几年也在走文化路线。如以中国著名设计公司之一的洛可可（LKK）设计公司为例，其旗下的"上上设计"品牌为我们呈现了很多极具中国传统文化韵味的设计作品。如图4.3中展示的这个名为"高山流水"的香台设计，可说是他们融合中国传统文化和现代设计精神，很"禅意"和"艺术"的代表作之一。

图4.3　洛可可设计公司的"高山流水"香
　　　　台设计

图4.2　798艺术区

你被商业了吗

　　事实证明，忠于内心感受做设计并不是一件容易的事，很多职业设计师在工作一两年后都会遇到他们设计生涯的第一个瓶颈，在这段困难时期，他们甚至不知道该怎么表达自己的设计，或者很容易走进一个表达的误区里，就像梦游一样。这是因为他们长时间商业设计的思路形成了设计方法的壁垒，想要突破很难，也很痛苦。这个时候，读一些与设计相关的书籍或者翻出上学时不愿看的理论书，再结合自己实际的设计经验对知识进行重新解读，相信会有收获。也有一些设计师工作之余靠参加一些设计竞赛来锻炼自己的创意思维，这也是一个不错的尝试。如果得奖，不仅有助于重获自信，还会有"巨额"的奖金等着你拿。

　　商业设计是为商品终端消费者服务，并执着于为企业创造利润的设计形式。这对于刚走出校门的设计专业的学生们来说，就像一道冷冰冰的障碍，把学校里面学到的形而上的设计理论和设计方法挡在了现实之外，一同被挡在现实门外的，还有他们的热情。当然，目前国内的设计教育比之于用人单位的要求确实存在脱节的现象，原因是多方面的，笔者认为主要是由于理论教学和实践教学不平衡造成的。一方面，在高校任教的教师，多具有较高的学历。他们在几乎没有实际工作经验的情况下就又回到学校充实师资力量。这些教师只能把从课堂上学到的知识再在课堂上传授给学生，套用广告语就是"他们不进行设计，他们只是设计知识的搬运工"。另一方面，工作经验丰富的设计师们由于学历等原因，无法进入教学一线。上述两种情况造成了设计专业教学的脱离实际，总是停留在"理论创意"阶段。解决这个问题其实很简单，高校可以放开限制，聘请专职设计师作为客座教师来承担某些课程的教学，定能起到良好的联动效果。而同时，也应鼓励高校教师积极到企业进行设计锻炼，理论有了实践的支撑才能言之有物，提高课堂教学效果。

《易经》有云："形而上者谓之道，形而下者谓之器。"二者不分孰优孰劣，抬高或者贬低任何一方都不可取。不论是在进行设计还是欣赏设计的时候，要有两种思路：一种是形而上的概念设计；另一种是形而下的商业设计。前者偏向于理论和思维意识的表达，算是《易经》中所说的"道"，后者则偏向于实践和具体设计的应用，算是《易经》中所说的"器"。只有做到二者都能够运用自如，才能在设计的海洋里游刃有余，无往而不利，不因为无休止的加班、熬夜、改图而烦躁，也不因为满腹"经纶"却不知如何应用而焦虑。这个看似"阿Q"式的调剂方法确是医治当前"设计教育不良综合征"和"职业设计师苦逼综合征"的良方……

你被商业了吗？这是块"西西弗斯之石"。当你能够平静去面对这个问题的时候，才能走出这个怪圈，并发现新的意义，就像西西弗斯一样，竟能从巨石的滚动中发掘出一种美妙动感的韵律，使这件无效无望的劳动"像舞蹈一样优美"。此刻，西西弗斯赢了，因为他成功超越了自己的命运。

一只眼盯着未来

如果这个时候你还在用着一款蓝屏单音手机，那么你早就OUT了，连普通的翻盖彩屏手机都已经退出历史舞台，iPhone和它的对手们正在主流手机市场上像那些肆无忌惮的野生藤蔓般蔓延，直板大屏幕触摸手机大行其道，这一切就像哪一天一场大雨后草地里突然冒出的新鲜蘑菇。基于iOS或安卓系统手机们的功能多到让人感觉是"一机在手，天下我有"。边走路一边发微博的"微博控"们，吃饭时也在玩游戏的游戏迷，从另一个角度阐释了"设计改变人类生活方式"。

当然，这些科技与设计上的大发展自然也引发了一系列的争论，比如手机使用时间与人类健康的辩证关系等，又如对电子产品的依赖改变了人类的亲情结构等。就像电视机方兴未艾之时，很多人因为执迷于电视节目疏于与家人进行感情上的沟通而引发了人们对过去生活方式的怀念一样，今天的争论同样有对过去怀念的色彩和对现实抨击的意味。对于上述种种纷争，我们不进行争论和评判，就交由时间来梳理和证明吧。电子产品的更新换代就像一波一波的海浪一样，无论前面的如何高昂着头不可一世，后面的也会低啸着将前浪推到沙土里面去——大哥大、BP机、笨重的台式电脑，以及曾风靡一时的上网本……而设计，正是推波助澜的第一把推手。看到这里，或许你会暗自好奇，下一个被拍死者会是谁？一只眼盯着未来，总会发现端倪。

任何一个时代都有其固有的历史必然性和具有代表性的政治经济文化风貌，所以，处在特定历史时期的事物都打着当前历史的烙印，所进行的表述也难免受到历史的限制，这当然包括设计的表达。所以不要嘲笑那些躺在设计历史陈列馆里的设计们，它们也许是代表了那个时代的顶尖水平。

当塑料这种材料被发明之前，设计师们纵然再有本事也制作不出高度复杂的曲面，材料和制造工艺的限制成了设计难以逾越的障碍。材料的变革在一定程度上可以引领设计的方向。德国IF设计奖中专门有一个奖项是IF材料设计奖，用来奖励那些基于材料特性的创新设计，足见材料在产品设计中的重要地位；另一个制约设计的因素是制造工艺。当人们惊叹于iPhone手机的精致细腻的时候，是否知道苹果公司对于加工制造近乎严苛的要求？举一例加以说明：iPhone4主要零部件的合缝间距不能大于0.1mm，这样做的目的是为了防止用户在打电话的时候被夹住头发。而iPhone5上市之初大量缺货的主要原因居然是因为手机加工的成品率太低，制造效果达不到设计的要求。制造技术的进步也改变着设计的思路。目前，三维打印技术的发展日趋成熟，这种成型方式不受产品造型的影响，只要能设计出符合要求的数字模型，机器都能将产品顺利"打印"出来。这种技术已经在很多领域如珠宝、航天、机械等方面加以应用。或许有一天，对某一类产品来说，设计师再也不用为"拔模角度"的大小和"分型线"的位置等问题而大伤脑筋了，因为三维打印技术并不依赖于模具成型工艺。所以，请不要忽视材料科学和先进制造技术的发展，多关注这方面的前沿信息，才能成为一名富有远见的设计师。

20世纪50—60年代冷战时期美苏争霸导致的太空竞赛给了设计师们很多灵感，加之当时自由之风盛行，个性化得到了鼓励并成为波普风格的牵引力量，我们也有幸领略到了不少具有未来感的设计作品。工业设计史的学习能让我们更清晰地了解设计发展的脉络以及如何以历史的眼光去评判那些曾经给人类生活带来便利的优良设计；而更重要的，我们仍旧要用发展的眼光去看待现阶段的设计现象以及推测并遵循未来可能会出现的设计趋势。

> ### ✔ 设计小百科
>
> 　　波普风格又称流行风格，其名称来源于英文"Popular"的前三个字母"pop"。波普追求大众化的、通俗趣味的和轻松奇特的风格形式，是一种具有娱乐色彩的表现主义风格。波普风格代表着"二战"后成长起来的年轻人对社会文化、世界格局和价值观念的新看法和新追求，同时是对当时主流的刻板无趣的现代主义及国际化风格的反思和批判。波普风格的出现，在设计的历史中，对设计风格的发展演变具有重要的意义。如图4.4所示的"嘴唇沙发"即是波普风格设计的典型代表之一。

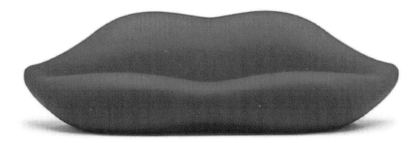

图4.4　诞生于1970年的颇具波普风格的"嘴唇沙发"设计

　　对未来的把握能力是衡量一个企业是否具有长效创新机制的重要标准。iPhone的成功绝不仅仅是因为苹果公司对产品精益求精的打造力度和美轮美奂的推广策略，而是总能顺应行业发展的方向，并找准关键点进行发力，就像一支心无旁骛的箭，一路直行，直到精准地到达靶心。在消费电子领域，苹果产品是无可争议的领跑者，它自然有足够的资本去分得消费者市场上最大的一块蛋糕。但很可惜的是，因为一系列的决策失误，诺基亚多年经营的手机王国解体了，当然，我们愿意看到历史再给诺基亚一次机会，让它重新展现昔日的王者风范。机会对大家都是均等的，三星的崛起是另一个成功的例子。这个韩国品牌能在短短几十年的时间内风靡全世界，让它的设计点亮在世界各大奖的舞台上，这与对设计的尊重和对未来的把握能力是分不开的。在下一个竞争周期内，没有乔布斯

的苹果，加盟微软的诺基亚和风头正盛的三星，能否上演三足鼎立的世界格局？我们拭目以待！而一些后起之秀如宏达电子（品牌为HTC）等的实力也不容小觑……

为可预期的未来进行设计，这是众多公司未雨绸缪，全身心投入的一件事情，在汽车设计领域表现得尤为明显。在每年的大型车展中，无论是底特律还是法兰克福抑或是东京，概念车的展览绝对是一道靓丽的风景线。这些神秘的带有未来气息的概念汽车总能引发人们对汽车设计趋势的大讨论，新能源，新材料，新的交互方式，不要讶异于这些异想天开，或许在不久的将来，宽阔的马路会是这些在今天备受质疑的概念车的天下。

套用李宁公司的原品牌口号作为结束的话吧：一切皆有可能！（现在的口号是：Make The Change！）

05 设计，
没完没了

如果你认为设计就是这么简单或者设计只存在于这些"小玩意儿"之间，认识难免偏颇，我也会被扣上一顶"误人子弟"的帽子，这是莫大的罪过了。其实，在前面的章节中，笔者只是假借课堂教学之形式，以讲故事的方式，口传心授了一些创意设计的方法，而这些方法又最适用于家居用品设计，所以难免给人造成错觉，以为设计就是如此了。所以，这一章的出现尤为必要：设计，没完没了！言下之意应该是：设计，绝不是那么简单！在这片广阔的天地里，还有很多形式的设计，仿佛一张纵横无边的大网，本书所涉及的，不过是其中"一目"而已，然恰是这"一目"如能使读者得以管窥设计之万一，也是达到了写作的目的了。

而这一章将要展开的，就是这张"大网"的全貌，以使大家能够总览全局，不致迷失。刚才提到一个很好的比喻：以大网来借指"大设计"，以网中之"目"来比喻设计之门类。如此说来，本章要罗列的，就是那些有代表性的"网目"了。

设计是一种文化现象，但凡与文化沾了边儿，就要受到社会历史发展的影响，所以，设计是带有历史局限性的，随着社会的发展和文化的变迁，设计会呈现出各种各样的状态。设计专业的学生都要学习设计史，那些在历史中各领风骚的设计流派，灿若群星，均代表了他们各自历史时期对设计的理解与展现。这些流派都是社会文化变迁在设计发展历史过程中的烙印。直到现在，这个过程还在有条不紊地进行着，从绿色设计到可持续设计，从服务设计到体验设计，再到而今的物联网与大数据，历史的车轮在飞速向前。各种设计理念与思潮层出不穷，似乎一不留神，就会落后于时代。其实，这些设计概念都是相互依存，不可分割的，仿佛一江春水，绵绵延延。前因造成了后果，而后果又成为一个更"后"的结论的"因"，如此而已，环环相扣。所以，不必恐惧这么多的流派与学说，而是要以历史的眼光进行批判地学习，耐心地找出它们之间的关联。

当然，影响设计的还有科学技术。科学技术的水平决定着制造水平的高低，决定着材料开发的深度和广度，决定着表面装饰的效果，决定着产品的根本原理。所以，当历史上第一件塑料制品完美展现了设计师想象中的复杂曲面的时候，人们不禁惊呼：塑料简直是一种神奇的材料！一时间，塑料成了设计师们的宠儿，这也直接导致了各种流行风格的盛行。不然的话，美国的"罗维"们，拿什么去做那些流线型的产品呢？所以，技术的发展与新材料的出现，完全可以改变产品的面貌。比如共振音箱的出现就源于振动发声的原理，这个原本很成熟的技术一旦应用到音箱的设计中来，就完全颠覆了同类产品在人们心目中的印象。因为人们还从来没有设想过一个音箱没有了硕大的喇叭口会是一个什么样子。实际上，共振音箱相较于传统音箱，少了很多造型上的限制，于是各种造型应运而生。图5.1所示即为一款以"蝉"为原型的共振音箱设计，几何化的造型和拉丝金属质感深具科技产品的风格特点。"蝉·声"又很容易让人联想到音箱发出声音的功能，这就具备了语义上的关联，而其壁挂式的存在也与"蝉"吸附于树干上的状态暗合。

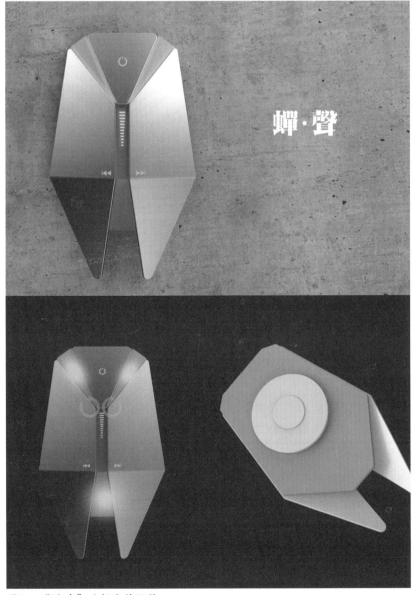

图5.1 "蝉·声"共振音箱设计

而三维打印技术的出现则让结构设计师们大吃一惊：也许不久的将来我们再也不用担心产品分模的问题了。和那些烦人的"拔模角"和"分型线"说再见吧。这不是危言耸听，不是有三维打印的零件已经应用到航天飞机上了吗？一个全民打印的时代就要来临了，甚至以后连房子也不要建了，直接按楼层打印。

感觉是不是很科幻？但这绝对是可预期的。看看下面的这个全3D打印的机构模型（图5.2），用作实训演示绝对没有问题！话说3D打印技术还在不断完善中，目前还是主要应用于验证模型的制作，离真正的规模化制造还有不小的距离。后面我们还会就3D打印的问题进行探讨，因为这绝对是一个令人期待的突破性的新技术。

图5.2　3D打印的机构模型

为服务而生的设计

设计为服务而生是毋庸置疑的。设计作为一种古老的行业，就是为了特定人群的需求而展开工作的，没有需求就没有设计。譬如那些手工艺时期的"设计师"们（他们还不是严格意义上的设计师），很大一部分工作就是专门为权贵们定制生活用品。不过"设计师"最初的服务对象是谁？是设计者自己。当祖先们第一次拿起两块石头相互敲击，以取得一个锋利的刃口，并用此作为工具，以抵御猛兽的侵袭或者猎取食物的时候，这种需求就已经产生了。只不过这种行为完全属于自发的和满足自己迫切的生存需要，所以显得"不值一提"。殊不知，这足以反映设计的产生是带有很强的目的性的，这种最原始的驱动力便是"为了生存而设计"。及至后来，人类已经不用把全部精力都放到维持生存这件大事上时，偶有闲暇，便发掘出了设计的另一种功能——"体现美感"。于是，那些本来无用的细小石片、动物的牙齿、骨头、贝壳等，被穿成串，挂到了爱美人士的脖颈上。

《管子》说：仓廪实而知礼节。美国的心理学家马斯洛讲：人类需求像阶梯一样从低到高按层次分为生理需求、安全需求、社交需求、尊重需求和自我实现需求5种（图5.3）。二者说的是同一个意思。设计从完全意义上的功能实用性到带有审美价值的装饰物，就体现了设计需求的改变。而设计从"服务自己"转而"服务他人"，体现了设计作为一种"有价无形"的用来交换的商品的形成，而提供"设计服务"的设计师也便演变成为了一种职业。

图5.3 马斯洛需求理论

设计师的职业并不是好干的，因为要想提供合格的设计服务需要付出很多艰辛，尤其是要准确把握服务对象的真实需求殊为不易。而用户的需求是不断变化的，要求也是不断提高的，这个可以从"马斯洛需求理论"中得到验证。为了能够始终站在用户的角度去思考问题，就需要设计师不断地提高自身的认识水平和业务素质，并注重跨学科的团队协作，具有宽广的视野和强大的沟通交流能力。如果说最初"设计师"的工作体现在只需要给用户提供一个合格的产品就可以的话，那现在的设计师则要全方位关注用户的产品体验。从以用户为中心的需求分析，到产品使用体验的追踪，再到设计服务的反馈意见处理，服务设计已经演变为集设计制造、信息管理、物流通信等多领域跨学科的复杂工程。

但话说回来，这个工程无论多么复杂，其核心必然是"以人为本"和打造完美的"用户体验"。"人"的需求是一个动因，一切需围绕着这个需求而展开，以"人"的真实体验为衡量标准，为人类创造符合其本能习惯特征的产品与服务，而避免产品在使用时对人们带来额外的负担。换言之，服务设计必然是迎合着人类本能的最"纯粹"的设计。这么说来，似乎绕了一大圈，又回到了设计的原点上，此时祖先们手里拎着两个已经敲好的石头片儿，挺无辜地看着我们说：设计其实挺简单的!

设计的必由之路——可持续设计

首先说，这不是一种设计的具体方法，而是一种设计的原则或

者设计伦理规范。可持续设计的出现绝非偶然，而是有着深层的社会根源。想象一下，如果在将来人们住在一栋可以自动净化空气的大房子里，屋子的墙壁包括屋顶都是装饰了高科技的新媒体交互展示屏，能够模拟真实的蓝天白云效果，间或还有一只鸟儿飞过，发出一串银铃样的叫声。这天早晨，你睡醒了觉，下床，脚下是一种模拟仿真的4D地毯，踩到上面仿佛是踩到了柔软的草地。总之，这个房间是按照一百年前的大自然的真实状态进行设计，置身其中，仿佛是置身于大自然一样。这是一百年之后的设计，那时已经没有了蓝天白云草地，没有了鸟兽鱼虫，我们的自然界和生存环境完全被污染和垃圾所侵占，就像动画电影《机器人总动员》里的地球场景一样。在这里，清洁的空气、水和绿色植物多么稀缺。所以，按照预想的方案，这个设计的细节还可以向下继续：你打了个呵欠，顿时觉得头昏脑涨，那是长时间缺氧的结果，看来房子的过滤装置有些老化了，以至于不能维系一个晚上的新鲜空气了，过两天一定要叫产品售后过来修一下。为了补充氧气，你款款地走到自动吸氧机旁边，取下一个氧气胶囊，一口吞下，这才松了口气，眼睛里泛出鲜活的颜色……

这样的场景并不是危言耸听，却极有可能在不久的将来出现，只要我们持续地对环境污染置之不理，只要我们继续对已经变质的空气甘之如饴，只要我们仍然对那些鼓吹商业利益而没有环境意识的消费设计乐此不疲，丝毫不顾忌其使用后的结果……这个时候，我们还要犹豫什么？一个设计师高喊：我要做绿色设计！于是，很快聚集了一群人，就像一场革命刚开始的情形一样，绿色设计马上有了自己的纲领和阵地：绿色设计源于人们对现代技术和文化所引起的生态环境问题的担忧和反思，体现了设计师职业道德和社会责任感；绿色设计重点关注人与自然的生态平衡关系，保证在设计的每一个环节上都考虑到对环境的影响。

绿色设计的兴起是由于人们逐渐意识到了日益严重的环境问题，同时发现，工业设计也曾经在这个过程中扮演了"不光彩"的角色，比如美国20世纪50—60年代的"有计划废止制"，生生把工业设计变成了促进商业消费的打手和帮凶。从这个意义上来说，绿色设计的兴起体现了设计师的良心回归。

绿色设计把设计关注的重点放到了产品的整个生命周期内，力图通过控制产品周期的各个环节来起到绿色环保的作用，这从其公认的"3R"（Reduce、Reuse、Recycle）原则中可以得到印证。

而如果说绿色设计的原则和纲领主要还是设计和技术层面上的，那么可持续设计则把我们引向一种社会系统观念层面，让我们能够综合考虑经济、环境、道德和社会问题，从而可以从更加广泛、系统的层面上来指导与引领设计。可持续设计可视为绿色设计在理论上的发展与现实要求之间结合的产物，是绿色设计的升级版，二者并无明确的因果关系，都是社会发展到一定阶段后对设计所提出的理论要求。从长远来看，可持续设计更能代表现时代设计的发展方向，即设计不但要解决当下的问题，还要解决将来的问题，不但要解决"物"的问题，还要解决"人"的问题，不但要解决孤立的"事"的问题，还要解决系统的"道"的问题。可持续设计在建筑设计中的应用广泛，如图5.4所示为上海"世博会"越南馆的设计。该设计利用生长期短的竹子作为建筑材料，既节省了成本又具有明显的可持续效应。

图5.4 上海世博会越南馆

体验才是硬道理

前面说过，设计师是一个苦累的职业，主要体现在为了满足"客户"的要求，无休止修改方案的事情上。于是，终于有那么一个时候，设计师厌烦了：太累了，我不干了！你们（指消费者或者客户）不是要求多吗？来来来，大家一起做！于是消费者参与到设计中来……这是一个历史性的时刻，因为打这时候起，人们进入体验设计时代。这第一个撂挑子或者说偷懒的设计师，我们无从追究其详细信息，但他确实堪称体验式设计的开山鼻祖了。他们并不知道，消费者一旦参与到设计的过程中来，便一发而不可收拾。在这个过程中，对"体验"这个关键词的要求越来越高，每一次提及，都会把设计的要求提高一点，直到进入了"工业4.0"的时代。而设计师的初衷，这时候也完全被颠覆了，没想到不但没有减轻设计的负担，反而使设计的要求更加提高了。

这么一来，直接导致设计本身变成了道具，设计师与消费者进行沟通的"信物"与桥梁了。这就不是一个产品的设计那么简单了，藉由产品体现出的服务才是设计的重中之重，服务看不到，摸不着，只能靠人的感觉去体验。在"服务"这个大舞台中，设计师们最初是不知所措的，如果还用原来的思路去揣测别人的想法，却得不到消费者的认可：你这个不行，不符合我的操作习惯；你这个不方便使用，太麻烦了；这个设计一点不人性化，把我的手指都弄伤了……为了对付消费者的百般挑剔，设计师们各显其能，居然从不同的方面找到了应对的方法，我们且把这些方法要体现的东西统一命名为——"人性化"。

有的设计师找到了一件很顺手的工具，叫做"人机工程学"，人机工程学不但研究人的生理尺寸，把人体各部分的尺寸、重量、体表面积等规律都总结出来，以此来对设计进行指导，确保设计出的产品能够符合大部分人的生理要求；它还研究人的心理状况，并对其进行定性和定量的分析，使设计的作品能够关注消费者的心理因素对工作效率的影响等。有了人机工程学，人与产品之间的关系瞬时变得亲密和谐起来。我们经常听到这样来源于一架机器和一个使用者的对话。

机器：嘿，这个座位坐着还舒服吗？不然就自己调一调吧，放心，总有一个位置适合你！

使用者：没问题，果然是可以调节的啊，能让我这样的大个子坐着舒服可真不简单呢，谢谢啦！

机器：别客气！您试试这个把手，这可是专门研究了人手的尺寸和握持状态进行设计的，看舒服吗？

使用者：还可以，不过这个材质有点不好，有点凉，可以考虑改一改……

机器：嗯，有道理，等下次我们找设计师调整一下……小心！那个红色按钮是一个急停按钮，不要碰到了！

使用者：我看到了，这个红色很显眼，我不会按的。

……

他们的会话还会继续。显然，这是人机工程学的功劳，它已经把"人性化"当成了核心价值观了，并且给它加上了很多标签：方便、舒适、可靠、安全、效率等。有了人机工程学这个武器，设计师的日子好过了一些，毕竟有很多原则可依据了，不至于在做设计的时候捕风捉影，而且更重要的是，他们的努力得到了消费者的认可。

有的设计师为了设计出符合消费者体验的产品，亲自对自己的设计进行体验。这就对设计师提出了很高的要求，他要有很敏锐的嗅觉，能够捕捉到人们使用产品时的蛛丝马迹，并把这些现象进行详细记录，然后从中找出能够对设计起到指导作用的要素。比如有人发现了这样一个有趣的现象，即男士们在方便的时候，如果小便池里有异物，比如一个小黑点的话，他们总能调动起十足的兴趣并集中火力对其进行轰炸，这个时候，便绝少出现把排泄物排到外面的情况。这是一个很有价值的设计点，于是便有了这样的设计：在小便池里人为制造一些图案，比如苍蝇、小蜜蜂等（图5.5），同样实现了这个目的。据说这样一个设计可以使公众场合的清洁员减少了很多的工作量（这个原因你懂得），实在是功德无量的设计啊！

图5.5　小便池里的苍蝇

说到底，体验式设计最终是为了"人"的设计，通过一系列的手段在"人"与"产品"之间建立一个无障碍沟通的渠道，亦即所谓的"交互界面"。因为"产品"是无法与人直接沟通的，它们只能通过"界面"的响应与人进行交流，所以，这个"界面"设计的好坏便直接影响了人与机器交互的质量。当然，此处的产品也不单指工业产品设计。在软件设计领域，更有专门的设计师负责交互设计相关业务，他们被统称为UI（User Interface）设计，其中包括了GUI（图形界面）设计和UE（用户体验）设计。前者泛指交互界面的前端设计，即图形化的过程，后者则是交互框架的制定者，是用户体验的主要发掘者。而每一个软件设计公司都会有一个团队来负责用户体验的研究，足见对于产品设计来说，这是至关重要的环节。

大数据到底有多大

如果有一天，踏进一家智能商场，刚靠近商场大门的时候，门口的智能化门禁就会询问：先生，根据我们对您的日常行为和生活状态数据分析，您今天应该是来买衣服的，如果是的话，请上三楼服装专卖店！如果不是，请自便！事实上，如果你不是去商场上洗手间的话，那很可能就是缺一件过冬羽绒服了。为什么这么说呢？因为你曾经在手机终端中发布过类似的需求消息不下十条，且从电脑网络里搜索过有关冬服的信息，还询问过一名做销售的同事有关冬服的市场情况调查，更为重要的是，你还通过电子邮件与一位曾经在开会时认识的服装设计师咨询过定制服装的事宜……你得上三楼！到了三楼的楼梯口，又会有服务机器人告诉你：您喜欢的蓝颜色衣服在三楼D区，请直行100米左转。这是没错儿的，因为你在社交网站上毫不掩饰自己的颜色喜好，且平时穿的衣服也以蓝色为主，所以今天你也确实是打着挑选一件蓝色衣服的目的来的……D区冬服店的导购员已经在满脸微笑地恭候你的光临了：先生，欢迎光临！根据我们掌握信息的情况推断，您是中等身材，喜欢稳重又带点明快色彩的深蓝色，我们为您推荐两款，都是最新设计，L号的，您穿着也应该合适！于是，你信步走到试衣间，穿上导购员为你推荐的衣服，其中一款大小刚合适，款型也不错，你在镜子前转了一圈，很满意！总之，这是一次愉快的购物经历！这时候，你的手机突然响起，是那位服装设计师，他大咧咧地说："嗨！哥们儿，还记得我们上次沟通过冬服设计的问题吗？那是一次难忘的经历，你给了我很多设计的灵感，我最新设计的一款衣服已经推向市场了，大厦里就有它的专卖店，希望你能过去看看，没准儿那正是你想要的……"你听了他的话哈哈大笑，马上自拍了一张照片给他传过去了。拍照的地址显示：商场三层D区。

这当然是我编的一个故事，我们估计都没有这样的购物经历，但也许在不久的将来，我们会经常穿梭于各种各样的数据之中，就好像我们自己也是虚拟数据一样。人们似乎没有了秘密，所有信息都存储在数据库里，包括我们每一次的活动，比如购物与通信，都会被记录在案，这些数据可以通过某种合法的渠道随时供人调取。

这便是大数据了。

大数据有什么用？

当然，对于产品设计师来说，可以通过无处不在的数据库，对消费者的行为习惯、审美倾向、情感诉求等进行全盘把握，使产品设计的定位更为准确，而省却了大量劳而无功的设计调研与资料查阅，却获得了更加接近实际需求的前端信息。这样设计出来的产品会更加接近于其本质和实际的需求，从而在最大程度上节省了设计的成本。

大数据从哪里来？

其实我们的日常行为都会产生数不清的数据，只不过我们自己没有留意罢了。这些信息如果通过某种手段收集起来，是具有重要参考价值的。人在最自然放松的状态下所做出的任何行为都反映人类本能，这对于密切关注使用者行为习惯和用户体验的产品设计师来说，弥足珍贵。而各类移动终端的大量使用、互联网的发展、应用软件的平台化运营，让人们有更多的机会去应用各式各样的软硬件产品。正是这些产品将我们的个人喜好、兴趣范围、行为习惯等信息进行收集和汇总，形成了规模庞大的信息数据库。就像前面那个故事中所描述的一样，好像有一双无形的眼睛在监视着我们的生活，是不是有一种很恐怖的感觉？

假如我们使用的任何物品都有了人工智能，那将会是一个怎样的情形呢？下班前，你的手机移动终端会提前给家里电器发送指令，告知回家的大概时间。于是，房间的温控系统会自动调控好适宜的温度，电饭煲也开始做饭，电水壶把水烧开，电视机转换到你喜欢的频道，连咖啡机也来凑热闹，根据平时收集的数据决定今天的咖啡。当然，这些全然不用你亲力而为，智能手机已经通过分析

你日常的行为轨迹牢靠地掌握了生活习惯，它像一个胸有成竹的管家一样，一丝不苟地安排着回家后的一切事宜。

家里的电器在有条不紊地忙碌着，只是为了迎接它们主人的到来。这便是智能家居的概念，也是"物联网"的概念，而智能家居和"物联网"都离不开"大数据"。

3D打印的时代要来临了吗

3D打印技术的实现完全颠覆了现有的结构设计方法和理念。只要你有合适格式的三维模型，就可以通过打印机制造出任何形状的产品零件，而不用再为设计是否能够满足现代制造技术而大伤脑筋。似乎一个美好的时代就要来临了。作为产品设计师的我们该以哪种方式来庆贺这史无前例的制造方法大变革呢？是不是有了一种逃脱牢笼般的自由感呢？要摩拳擦掌，跃跃欲试，同时大吼一声：见鬼去吧，结构！那些在实际设计中受够了结构工程师"欺负"的造型设计师们，此刻可以扬眉吐气起来了……其实，我也是这么想的！

那么现在问题来了，3D打印的时代真的要来临了吗？我们是不是做好了足够的准备去迎接这样一个时代的到来？事情并非我们想象得那么简单，事实上，就目前来说，如果3D打印完全取代了现有的制造技术，会带来很多的问题。

首先，我们现有的设计体系就要发生巨变，很久以来由于受到模具成型的限制所培养起来的技术美学意识就要被抛弃了。在经历了挣脱枷锁后的狂喜后，不如冷静下来仔细想想，那些分型线、拔模角度、卡扣与止口设计、螺纹柱、加强筋们，仅仅是为了满足结构的实现需要吗？也不尽然吧？分型线的存在是视觉造型语言的一部分，有的时候是不可或缺的，因为它起到了很重要的分割作用，使产品的侧面看起来不至于很单调，它还是一条贯通的线，使产品看起来协调和富于整体美感；而加强筋的存在也不只是增加了产品构件的强度，它的美学价值也不容忽视，可以使形体看起来更有层次感，同时还能通过加强筋的排列组合以达到造型上的节奏与韵律，为产品的整体造型增色不少。那么，3D打印的产品应该用什么样的美学体系来支撑？那必然是与传统制造的产品有所差异，关键是这个体系的建立尚需时日，其形成必然要经历长期的过程。

其次，3D打印在大批量生产方面还是力不从心，在打印的成本控制、打印质量方面还不能与传统制造业相比，但这并不妨碍3D打印技术成为一种新型的加工方式。所以，就目前来说，把3D打印定位为加工方式的一种，而不是将它抬高到足以引领一次制造业"革命"的地位，似乎更为妥当。既为加工方式的一种，就必然有其自身的特点，根据其特点就可以确定其适用的范围。简言之，3D打印技术是一种通过逐层快速增加材料来形成产品的加工方法。它与铸造、注塑、锻造等方法一样，是一种新型的加工方法，可以制造出传统方法无法实现的零件，在特定的制造领域中应用广泛，如医疗、航天、珠宝，甚至服装设计等。

我无意给这项技术下一个完整的定义，这也是我力所不能及的。只想说，一切事物的存在都是有历史性的，而历史是向前发展的，我们不应怀疑3D打印技术在某一天会创造一个传奇，甚至取代一切制造成为独一无二的加工方式；当然更不能在时机还未成熟时就夸大某项技术的作用，妄言某个时代的来临，否则就如同揠苗助长，大有"捧杀"的危险了。

06 再讲

几个故事就下课

在写前面章节的过程中，笔者还真有一种如给学生上课般身临其境的感觉。而且整个过程似乎是在一个慵懒的午后，睡眼惺忪的孩子们听我絮絮叨叨说了一个下午，眼看要下课了，大家忽的兴奋地抬起头，满怀期待地捕捉我嘴里蹦出的"下课"二字。且看吧，手机都装好了，纸笔也收起来了，连身体也调整成了起跑的姿势……而我，舔了舔干燥的嘴唇，镇定自若地环视一周，慢慢说：且等我总结一下今天所讲的内容！

每节课大致的程序就是这样。在本书的结尾，如同一节课的完结，请容许我也"镇定自若"地慢慢说：且等我再讲几个故事就下课……

然而，这并不是几个总结性的故事，而是我在讲课，引导别人进行设计时，自觉生发出来的想法。本着"学为人师，行为示范"的原则，我在要求学生设计的同时，自己也身体力行，与学生完成着同样的作业，甚至更多！这便是一个循环了，教学相长，相互促进，共同进步！同时，这也是验证自身教学效果的最佳手段，而学生也不好耍赖拖沓，言传身教的作用大致如此。

不过，对于本书而言，也似乎需要这样一个"结局"性质的一章，其作用仿佛类似书籍的"附录"一般，用来补充、总结或者佐证作者的观点，又或者仅是为了宣传作者的经历和"高水平"。而我坚持将其独立成章的用意则是为了章节形式上的均衡，不然第三章过于冗长而前后几章各自简短，于内容量感上很不协调。对形式的敏感与苛求常让我处于痛苦中，这固然是一个设计师应该具备的素质，但长此以往，难免偏执。比如我做了大量"设计"，但没有几件能够拿得出来，总有这样那样的缺憾，仅是一个倒角大小就可以纠结很久。

想来，自己的设计水平尚需提高，我们都在路上……我与学生们也不过是同路而行的伙伴，出发虽有早晚，所幸路途一致。一个同为教师的网友曾言：作为教师最大的幸福莫过于学生即是同路人！如此说来，之前所写算是"与同路人语"，这也卸下了我的包袱——生怕写得不对而贻笑大方。

而下面所要展示的"设计"也可视为我路途中"抖开包裹"与人共享的干粮果品，实在没有谦虚谨慎的必要了。大家且行且看且珍惜，欢迎拍砖！

小合唱·调料罐

年后的一场大雪又把空气荡涤了一番，天空越发蓝，弄得白云很不好意思，一片片飘过来，又飘过去，终究变成丝丝缕缕的，怕搅了蓝天的清净！遇到好天气，鸟儿的话便也多起来，无非是一些麻雀或是喜鹊。麻雀专事在我的窗前挑逗，说些支离破碎的梦话，喜鹊则在屋顶上叩击、或者蹦来蹦去，活像一个行为艺术者。其实当第一缕阳光爬上我的眼睑，触动我睫毛的刹那我就醒了，后来又假装睡去，结果真睡了，进入了一个洁白的梦境，后来梦到去参加一个演唱会，3位洁白的演员张大了嘴在台上唱，我看到了他们的后槽牙……

难说我的这个设计与之前的梦境有任何的关系，但我确信我想做一个洁白的能够放声歌唱的设计，于是便有了这个调料罐。我也一下子仿佛回到了小学时代，那时候每个班里总有一个漂亮白净的女生当文艺委员，每天早晨上课前都会起头儿唱歌："学习雷锋，好榜样……预备，唱！"或者"团结就是力量……预备，唱！"总之都是20世纪80—90年代的旋律！这也经常让我产生错觉，以为会唱歌总是女生们的特长，她们也会天生一副"莺啼燕啭"的嗓子，就像那些天生丽质的画眉一样，是毋庸置疑的事情。直到我娶了一个不会唱歌的女生当我的老婆，才逐渐从这个误会当中走出来。

这个产品为系列设计，基于功能的需要，分别装了不同的调料。既为"合唱"，则不应少于3个，1个为独唱，2个为二重唱，而3个正好！3个也要各有不同，可从表情、姿态、大小、领结的位置加以区分。整体看来，各具异态，又错落有致，大致是梦中的样子……看来这个梦也不是白做的！

年年有鱼·开瓶器

我喜欢鱼，但并不是十分爱吃鱼。

这种喜欢是天然的，可能与小时候的经历有着莫大关联。小时候最好玩和乐此不疲的事情便是钓鱼了。用吃完罐头的玻璃瓶子拿绳子绑了口部，用一根棍子挑着，再撮几粒馒头屑放到里面，就可以在水塘边钓鱼了。而当时我家的门口就有几个连成片的大水塘，也是小伙伴们饭后齐聚的地方。大家各自将钓鱼的家什抛进水里，再将长短粗细各异的木棍撂到岸边，有的会用一块石头押着，防止滑到水里去。

我们各玩各的游戏去，估摸时间差不多了，或者有人吆喝一声：时间到啦！大伙儿又纷纷聚向岸边，但脚步必然是很轻的，生怕惊跑了小鱼儿。心有灵犀般，大家几乎同时猛地提起木棍，只见各式各样的玻璃瓶子被瞬间拽起，有的连商标都没撕掉，上面印着山楂、水蜜桃、苹果、梨等水果的图案。我的瓶子上必然没有那些标签（因为图案精美，早被我小心地揭下收藏起来了），光光的四面通透，这也让我最先看到了自己瓶子里的战利品：几尾一寸长的小鱼在瓶子里徨徨不安，它们定然被这个突然明亮起来的世界晃住了眼，而我也被它们身上银光闪闪的小鳞片晃住了眼……小伙伴们各有所获，个别钓上来稍大一些的就趾高气昂起来，比考试考了第一名还神气；也有一无所获的满脸沮丧，寄希望于下一次行动。小鱼儿们被小心翼翼地捞出来换装到另外稍大的容器里，它们依然不知所措地在容器里向外张望，但没有办法，只能为自己的贪婪付出代价。

被我钓起的鱼都比较"幸运"，它们都会在一个特定的容器里被养起来，直到"寿终正寝"，对于死掉的小鱼，我还会将它们成殓到火柴盒做成的"棺材"里，埋在院子里，算是很高的礼遇了。

以上所述与这个设计并没有直接关联，但我喜欢以"鱼"作为原型进行设计，必然与小时候的爱好有一定关系。而在此设计中，小鱼儿一反常态，张大嘴巴噙住了瓶口，是为了避免再次被投入瓶中而丧失人身自由吗？有朋友评论说：你这个瓶子像弹壳，这小鱼是饮弹自尽吧？

仔细一看，还真有点像！

收音机·香插

这是收音机？

如果你第一眼就能认出这件设计的"真身"，"本尊"会恭喜你了：答错了。快收起你的"循规蹈矩"吧！假的！都是假的！我们生活中往往有很多看似"确定无疑"的事情，其实都是抓住了人们固有的"眼见为实"的自我经验，而被盲目认定的。比如当一个具有确定"语义"的"收音机"摆在你的面前，你该怎么办？看吧，那喇叭！那精致的旋钮！会不会忍不住去拧一下？别忙，这只是一个香插啦……

我不知道这种使了障眼法的设计该怎么定义。恶作剧式设计？恶搞设计？我给起一个专业点的名儿吧——"反语义设计"，如何？当然，这种设计确实有其存在的土壤，个性化啦，多样化啦，自我表达啦，如此等。或者，只是单纯地向波普风格致敬吧？很多时候，设计干嘛非得一本正经，自命清高的？放松一下，不好么？

所谓"反语义"也要有个限度的，不能反到将产品本身的功能完全表达不清楚，其功能应该很确定并且与被替代的部分有着千丝万缕的联系。比如那支"线香"吧，正好占据了收音机"天线"的位置，且形态和角度也与天线相仿！意料之外，情理之中！好吧，就是它了，它总归让你不觉得突兀！

除此之外，这件设计也有其他的含义：为了忘却的纪念。

收音机作为一个时代娱乐方式的象征，已经逐渐退出历史舞台了。在互联网和信息化社会的大背景下，以手机为代表的娱乐信息终端经过短短十几年的发展，已经占据并兼并了几乎所有娱乐化功能。收音机已经成为一个边缘化的小功能而已了。

而收音机绝不仅仅是手机的一个功能所能替代的，它代表了一个时代活色生香的生活画面！当"小喇叭"迎着朝阳开始广播的时候，当单田芳老师独一无二的嗓音在饭香间低回的时候，当《歌唱祖国》恢弘雄壮的旋律在天空中回荡的时候，自由、温暖、向上！就是那个时代！如果你也有如此喟叹，就该理解这收音机为何做成了香插，理解为何选用木材和铮亮的按钮——全是那个时代的元素。

香雾袅袅，这一缕燃香，应该是最能理解时光流逝的了吧？当"收音机"的木壳上积满香灰的时候，试想想，那分明就是历史的背影了……

贪吃鱼·挤核桃器

这是第二个与"鱼"有关的设计了……

其实，"鱼"在中国传统文化中一直代表积极正面含义的事物，在很多个民族的文化里，都把鱼当做了吉祥富足的象征。以汉字"鲜"为例，其本义即与"鱼"有关，取"生鱼片的滋味"之意。这里，"鱼"成全了人们对美好"滋味"的定义，可见其地位。而"鱼"成为中国新石器时代仰韶文化半坡人图腾崇拜的符号就不难理解了。

在中国民间，"鱼"与"余"谐音，有"富余"之意，在物质匮乏时期，"年有所余"成为老百姓最朴素的愿望之一。所以，每当过节，"年年有鱼"便成了一句最实惠、最喜闻乐道的口彩。这个设计正是以"鱼"作为原型进行设计，除了"鱼"的象征意义之外，更重要的是从产品功能的角度进行考虑，经过变形的"鱼"可以与产品的功能达成有效的统一。

这是一个"挤核桃器"的设计。其操作过程如下：以左手将核桃放置于"鱼"身体的圆环中，右手顺时针旋转"鱼尾"，"鱼尾"所连接螺丝会进给到核桃所处位置从而挤破核桃壳。这种挤核桃的方式并非首创，但这个设计的合理之处在于将"鱼"体中所有的要素都调动起来为产品的功能进行服务。如"鱼腹"的环形用来放置核桃；"鱼尾"用来调动螺丝；而螺丝直插"鱼腹"的状态又与"鱼骨"的形态暗合；"鱼眼"可穿绳索用来悬挂，而整体"扁平化"的设计方式又方便了堆叠和包装。

所以，这是我最满意的设计之一。

蚂蚁·白板贴

蚂蚁是一种勤劳、不屈不挠的动物，每次我见到的都是它们忙碌的身影，从不停歇。小时候，曾经抓了肥肥的虫子放到它们面前，这些蚂蚁就会冲上去，虫子剧烈扭动，抖下一地的慌恐，更多的蚂蚁扑上去，直到猎物变成僵直的一条，被它们顶在头上，一路鱼贯而去……这种常被我们忽视的渺小生物其实具有强大的生存能力，它们遍布于世界各地，洞穴四通八达，其规模远胜于人类所建造的任何建筑。当然这并不意味着我喜欢蚂蚁，它们也曾给我制造了不少困扰，我们曾经租住的房子里有一种红色透黄的小蚂蚁，这种蚂蚁常在床铺上出现，每每身上有莫名的连片疙瘩起来，就是它们的杰作了，儿子在那个屋子里度过了他人生的第一个月，这常让我有点担心……后来再见蚂蚁，说不上喜欢也说不上讨厌，有的时候还会抓一个虫子上来，也会恶作剧地唆使儿子用一泡尿追得它们落荒而逃，我们俩一起大笑。而有时，当儿子抬起他的脚板儿将要落到一只蚂蚁头上时，我总会制止：要爱护小动物哦。而心里从不认为蚂蚁是一种"小"动物。我想，假如有朝一日人类试图驯服世界上所有的动物，蚂蚁是肯定不会就范的。

而如果选举世界上最有力量的动物，我也定会给蚂蚁投上一票！想象一下，如果我们的白板上匍匐着一群这么"有力量"的动物，是不是很有安定感？什么？你最害怕蚂蚁了！好吧，我不排除吓到你的可能性，这也是这个设计带给我们的另一种体验！

"蚂蚁白板贴"的设计可说是将蚂蚁的生活场景直接套用过来，只不过"白板"充当了"大地"的角色，而"蚂蚁"还是"蚂蚁"！

小蜜蜂·图钉

　　我已经很长时间没有做设计了，借口当然还是很忙，忙得毫无重点，再加上一些非做不可的无聊的事情，甚至让我一度失去了做设计的兴趣，还好我有记录想法的习惯。这个习惯帮我挽救了很多稍纵即逝的想法，我不加鉴别地悉数记录下来，好像一个饥不择食的乞丐……事实上，我此时的心态就如同一个乞丐，对自己的生活毫无把控能力。那种无助就像儿时被成群的马蜂追逐时的感觉一样，每次的教训都是刻骨铭心的。当然如果不小心脸上中了招，还会享受免费整容的待遇……不过时过境迁，物是人非，当年一起被马蜂穷追猛打患难与共的小伙伴们，已经不再联系，偶尔在家乡遇见，连热情的寒暄也不见得有了！这个设计也权当成对那段"痛苦"童年的美丽注脚吧！不过，请原谅我把马蜂改成蜜蜂吧，因为蜜蜂似乎更亲民一些！

　　其实，是蜜蜂的"尾针"成就了这个设计，"尾针"与"图钉"在物理层面上有着广泛的共同点。前者为了御敌而致力于将自己植入敌人的身体中以制造痛苦，后者为了固定东西而力使自己刺入某种固定和宽厚的载体中去。二者都是起到了"先锋"的作用，为了"锋芒毕露"，都把自己打造得尖锐无比。

　　总之，这又是一个语义学上的小把戏，将蜜蜂的形象与图钉进行融合并无不妥之处，使用者也可以很轻易理解"蜜蜂"的使用要诀，原因很简单，因为他们有着共同的"刺"啊！

松果·转笔刀

做这个设计之前，想到松果，我会"扑哧"一下笑出声来，因为看过了"冰河世纪"的缘故，总能将松果与那个颇具喜感的道具联系起来。说是道具，是因为"松果"作为影片的一条主线，承载了松鼠太多的情感。它远不是一颗可以过冬的食物那么简单，而是一种生活寄托，精神追求抑或就是一颗非常普通又异乎寻常的"松果"！我们每一个人都有一颗自己的"松果"！

其实我一直很羡慕那些能够冬眠的动物，比如狗熊，将一个不友好的季节一觉睡过去，待春暖花开时，踩着融化的冰棱舒展僵硬了一冬的筋骨，循着有着青嫩草芽的松软的小河边寻找食物，跟一路上的邻居打招呼——你好，春天的伙伴们！或者我应该学一只勤劳的松鼠，准备足够过冬的粮食，将那些松果啊核桃啊统统找一个温暖背风的地方藏起来，当然最好是藏到大树的裂缝里，朔风一吹，能听到他们"喀啦啦"抖动的声音，多么惬意，多么踏实，多么富足的感觉！

总之，我不喜欢那些个圆滚滚白茫茫的冬天，不喜欢吼得像驴叫的狂风，不喜欢铅灰色的天空，不喜欢连狗叫声都撕不开的结结实实的寒冷。我需要准备很多过冬的东西，包括足够良好的心情，耐心和好脾气，我得准备一个精美的松果，藏到心里面最温暖的位置，过冬。

于是，我决定设计一颗属于自己的松果……

冬季来临了，我要储备过冬的粮食。

我将我的追求和不满都做到这一颗松果里去了。包括我对设计的追求，对美的理解，对前途的焦虑和不安。当然，这只是一个小设计，为了让它有一个合法的身份，我给它指定了一个"转笔刀"的身份。但我只是在做一个松果，只是在一个松果上雕刻美感，制造韵律，营造矛盾。

于是，松果顶部繁复的细节与主体平滑的造型形成了第一对形式上的矛盾；松果顶部冷峻的金属质感与主体温暖的木纹质感形成了第二对质感上的矛盾。这两对矛盾构成了一个立体饱满的充满故事的松果。

这便是我的松果！

小鱼儿·牙签盒

这是一条有梦想的小鱼儿。对于这第三个与"鱼"有关的设计，我们不谈论笔者的童年往事，也不分析在传统语境下"鱼"所具备的象征意义，而是要向大家展示一条小鱼儿的"梦想"。

梦想

小鱼儿最大的梦想是想咬着泡泡飞上天，就像乘着一个热气球一样在空气中翱翔。小鱼儿最近听说，一只鸟儿跳树自杀了！这是一件多么荒唐的事情，在小鱼儿的印象中，蓝天是一个多么神奇和美妙的世界，能在蓝天上飞翔是一件多么自豪和骄傲的事情，怎么可以这么轻贱自己所拥有的权利呢？所以小鱼儿在叹息之余一直怀有一个蓝天梦想，如果能够实现的话，她将成为第一个遨游蓝天的鱼类，那将是划时代的，载入鱼类史册的……

准备

她是一条执着的小鱼儿，认准了梦想，就要坚定不移地去实现。小鱼儿的准备工作简单而艰辛，就是不断练习吐泡泡。直到练习到能够随心所欲地吐出一个足够大而坚韧的泡泡，小鱼儿就可以乘着它跃出水面，奔向梦想中的蓝天。小鱼儿经历过很多次失败，不是泡泡太小就是泡泡不够结实，要么就是控制不住平衡，泡泡经常飞升而去，比小鱼儿游得都快，追都来不及。但她从来没有气馁，仍旧每天坚持练习，长此以往，她的嘴唇、腹腔和尾鳍都出了问题……

最接近的一次成功

但小鱼儿的努力没有白费，她越来越掌握了借力泡泡进行浮游的技巧，有一次她已经很接近水面，都看到了空中明镜一样的太阳和波光粼粼的水面，但她一不留神又让泡泡溜走了，那可是她最珍爱的一个泡泡呀……她在伤心之余奋力一跃，竟然窜出水面，并意外地看到了蓝天白云，还有太阳！这短暂的"翱翔"让小鱼儿更加坚定了自己的信念，也让她开辟了另一条接近梦想的途径……

> 如果
> 一条小鱼儿，跃出水面
> 请相信
> 它只是在寻找
> 一颗，遗失的气泡
> ……

人类臆想·鹦鹉的家

我有点纠结该不该把这件作品放上来，因为此类设计大可称得上"伪设计"。这不是我有自我批判的精神，而是很多类似设计的出现，俨然成为了一种潮流。站在纯粹动物保护主义者的立场来看，这是借用了动物的伪需求实现了人类的真需求。或者人类的需求也未必是发自真心，而是为了给自己贴一个关心动物的标签罢了，其本质无异于那些摆拍的"慈善家"们，并没有对帮扶对象提供实质意义上的帮助。

"房子"的形象是人类给"家"强加的识别语义，或者说是符合人类认知规律的语义。而这种语义与动物界并无必然关联，包括鹦鹉！它们所钟情的家的形象或许只是一根横卧的树枝，或者一个天然的树洞或者如燕子一般自己含辛茹苦搭建的混合着唾液、羽毛、泥土和干草叶的椭圆形巢穴。但无论如何，都不是人类臆想的"房子"的形象。这或者可以概括为两个族群的"文化"冲突，这种冲突的胜利方往往是具有较大控制力的强者。在这里，鹦鹉固然会"学舌"，但肯定"争辩"不过巧舌如簧的人类。所以人类很有"爱心"地为它们营造了一个"家"，且动用了很多美学、伦理学、材料学、色彩学的资源，美其名曰"设计"！

这个具有漫画式幽默与讽刺意味的设计成为了人类躲在虚伪的面具后面假装"善良"与"友好"的佐证。其实，当主人们给宠物狗穿上衣服的那一刻起，这类名为保护实为伤害的设计行动就开始了……

这便是鹦鹉的"家"！人类自己的"语义学"！

雨靴·垃圾桶

　　小时候，大概从五六岁开始，我就梦想着拥有一双彩色的雨靴，在下雨的时候穿着出去，专门找那些明晃晃的水洼，一脚踩下去，定然惊得水花和泥点四处乱溅……可惜我一直没有梦想成真。后来我转变了看法，将目光瞄上了父亲的黑色大雨靴，那是一双多大的雨靴啊，像两条船一样。每当它们载着父亲从风雨中走来，都会发出"库哧库哧"的响声，而那黑颜色被水淋得更亮了，直晃人的眼睛，我想等我长大了就可以拥有它们了。当然，后来我还没有来得及穿上那双雨靴，就来到了城市，离开了父亲母亲，离开了熟悉的乡村，也离开了沟渠和田野。父亲也很少穿雨靴了，因为雨天也绝少出门了。村里也多是柏油路，把黄土盖到底下，出门都不会脏脚，雨靴自然也没有了用武之地。汽车也多了起来，一些正好在你面前呼啸而过，车轮碾过水洼，溅起的水花并不好看……

　　有一次我回老家，又看到了那双雨靴，躲到角落里，蒙了灰，已经有了裂纹了。靴筒里装了很多东西，有线轴、钉子、旧扳手，还有我小时候玩的木头陀螺，想起来了，那是小时候父亲送的礼物……

　　雨靴原来是可以收纳杂物的，它的这个功能可是我从来没有想到过的，但这又是一个多么"痛苦"的角色转变，让人无法释怀。其实，我们生活中有很多失意的角色，被迫从事了与其才能不相称的工作，其情状正如被遗弃了的雨靴一样，落满尘灰，在角落里默默消磨着时光。

　　而我的父亲也老了，秃顶，华发初生，背也有些驼了，走起路来不再铿锵有力……但他依旧是村里工厂的主力，忙碌而充实！忘记说了，父亲是一名经验丰富的车工！

　　最后，当我意识到这将要写的一段终于成为了本书最末一节内容的时候，顿时如释重负。我很庆幸在这最后一章里为本书总结出了"与同路人语"的指导思想，也为读者阅读此书定下了轻松的基调。这些方面在前面章节的行文过程中是没有被完全意识到的，所以笔者还时不时"端起架子"做一番"总结陈词"，险些将本书的内容拉入到"故作高深"的深渊中去。

　　真的不想再说什么，我的故事讲完了，下课吧！